The Encyclopedia of
Window & Bed Coverings

窗饰设计手册

[美]查尔斯·T.兰德尔　著

凤凰空间·上海　译

江苏人民出版社

图书在版编目（CIP）数据

窗饰设计手册 / （美）兰德尔（Randall,C.）著 ；
凤凰空间·上海译. -- 南京 ：江苏人民出版社，2012.10
ISBN 978-7-214-08596-2

Ⅰ. ①窗… Ⅱ. ①兰… ②凤… Ⅲ. ①窗—建筑装饰
—手册 Ⅳ. ①TU228-62

中国版本图书馆CIP数据核字(2012)第167201号

The Encyclopedia of Window & Bed Coverings - by Charles T. Randall
Originally published in the English language in 2012 by Charles Randall Inc

Simplified Chinese edition copyright:
2012 © JIANGSU PEOPLE'S PUBLISHING HOUSE
All rights reserved.

江苏省版权著作权合同登记：图字10-2012-96

窗饰设计手册

[美]查尔斯·T.兰德尔　著
凤凰空间·上海　译

策划编辑：陈道亮
责任编辑：刘　焱
特约编辑：顾　雯
责任监印：彭李君
出版发行：凤凰出版传媒集团
　　　　　凤凰出版传媒股份有限公司
　　　　　江苏人民出版社
　　　　　天津凤凰空间文化传媒有限公司
销售电话：022-87893668
网　　址：http://www.ifengspace.cn
集团地址：凤凰出版传媒集团（南京湖南路1号A楼 邮编：210009）
经　　销：全国新华书店
印　　刷：北京利丰雅高长城印刷有限公司
开　　本：965毫米×1194毫米 1/16
印　　张：18.25
字　　数：246千字
版　　次：2012年10月第1版
印　　次：2015年8月第2次印刷
书　　号：ISBN 978-7-214-08596-2
定　　价：288.00元
（本书若有印装质量问题，请向发行公司调换）

前言

过去的25年真是一场梦幻之旅！1986年，我写下了我的首部书册，旨在对窗饰做一全面介绍。坦白说，我怎么也没有想到这本书销售量会破百万。

在过去的几年里，一些窗饰专家反复要求我再写一部书。希望这本书的最终版本能满足一些人的需求。其中有一大需求是，在处理黑线和颜色问题时，应该给予两者同样的重视。

《窗饰设计手册》旨在帮助人们设计出心中理想的窗饰和床饰。那么书中的一张图片需要很多语言来描述吗？图形总能激发创意和沟通见解。《窗饰设计手册》的独特性和成功之处体现在将2000余幅插图与窗饰和床饰设计真正百科全书式的展示相结合。历经25年，本手册销售量已达一百万册，如今这本原创窗饰手册仍是目前所有窗饰书籍中结构最清晰、最有效的设计指南。如果您的专业领域是室内设计，就应该收藏这本新修订版的手册，放在您的工作台上，让它在您的专业领域中陪伴您的左右。

对具体的一扇窗户或一张床的可视化定义是最迅捷有效的设计交流工具。本书包含特定的尺寸需求，有专业的窗饰词汇表来说明窗饰织物的性质和外观，也提供了实现理想效果的多种途径。有了本书，你就有了在同客户商讨时所需的全部信息。不管窗饰预算是高还是低，这本新修订版的手册都能为个人设计提供最佳的选择。

我们的手册必将成为您工作过程中一个不可或缺的资源工具。如果您也拥有一本我们较早版本的手册，我向您表示由衷的感谢。没有您的支持，我们的最新版本便不可能出现。我确信您将会发现它延续了我们精益求精的传统，也定将达到您对我们的期望。

Charles Randall

查尔斯·T.兰德尔

目录

花彩与垂饰　186

遮光帘、百叶窗与百叶帘　240

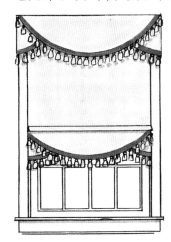

遮光布帘　214

床饰　254

不同时期的窗饰风格

窗饰历史。任何一本关于窗饰的书都要首先回顾历史。因为，没有历史背景的话，我们就找不到正确的视角进行创作。让我们首先来看看旁边的图表。这张图表向我们展示了艺术、建筑以及室内设计的不同风格所经历的大致时期。不同地区的窗饰风格转变的时代不尽相同，因此它们在时期上会有一些重合。例如，文艺复兴始于意大利，但多年后文艺复兴时期的窗饰风格才被引入英国和法国，此时意大利已开始进入巴洛克时代。

窗饰不同时期风格图表

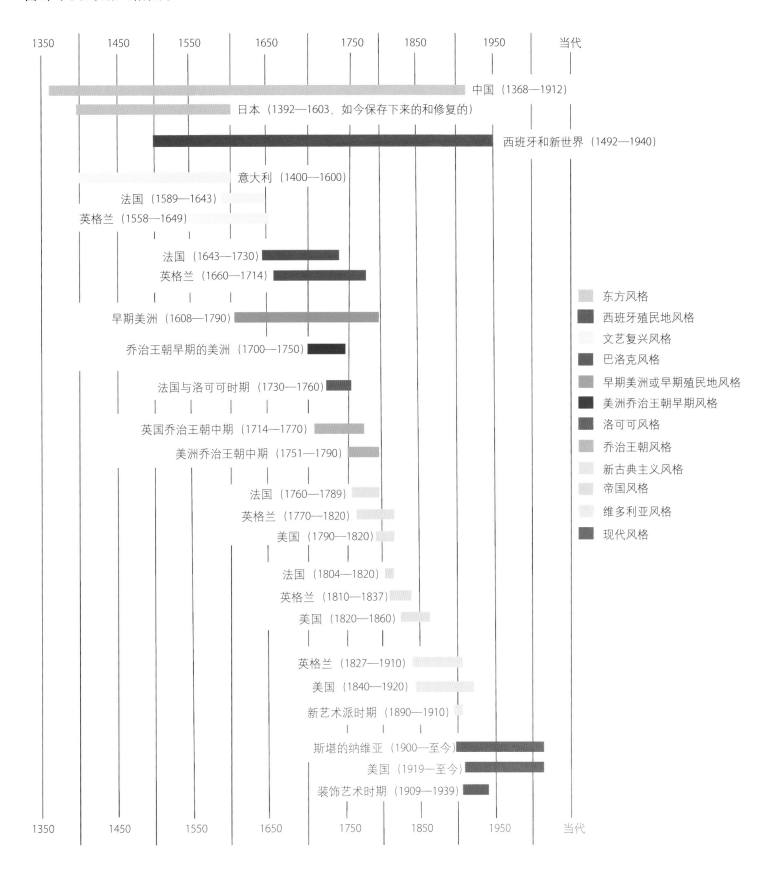

中国（1368—1912）

日本（1392—1603，如今保存下来的和修复的）

西班牙和新世界（1492—1940）

意大利（1400—1600）

法国（1589—1643）

英格兰（1558—1649）

法国（1643—1730）

英格兰（1660—1714）

早期美洲（1608—1790）

乔治王朝早期的美洲（1700—1750）

法国与洛可可时期（1730—1760）

英国乔治王朝中期（1714—1770）

美洲乔治王朝中期（1751—1790）

法国（1760—1789）

英格兰（1770—1820）

美国（1790—1820）

法国（1804—1820）

英格兰（1810—1837）

美国（1820—1860）

英格兰（1827—1910）

美国（1840—1920）

新艺术派时期（1890—1910）

斯堪的纳维亚（1900—至今）

美国（1919—至今）

装饰艺术时期（1909—1939）

东方风格

西班牙殖民地风格

文艺复兴风格

巴洛克风格

早期美洲或早期殖民地风格

美洲乔治王朝早期风格

洛可可风格

乔治王朝风格

新古典主义风格

帝国风格

维多利亚风格

现代风格

文艺复兴时期（1440—1649）

据资料记载，室内装饰作为一门专业学科始于文艺复兴时期。这个时期艺术与建筑世界出现了巨大的变化与复兴，室内设计也成为了被人们认可的一种专门艺术形式。用心布置室内家具，使之成为一种装饰，并将织品进行有机和谐的布置，这样的理念在整个欧洲日益受到人们的欢迎。"高雅文明的室内生活"这种价值观和理念由此开始遵从一套既定的规则，从而形成了室内设计这门艺术，窗饰产业随之也发展起来。

木制百叶窗是文艺复兴时期的主要窗饰。这种百叶窗安装在室内或室外，关上窗可以阻挡雨水和强烈的阳光，但并不能起到多少保暖作用。那时的

百叶窗只有单纯的功能性用途。

16世纪引入的透明薄纱使得简单实用的窗帘的诞生成为可能。这些窗帘大部分由细纱布或印花棉布制成，能够控制光照亮度并在一定程度上保护人们的隐私。窗帘用钩子吊起挂在铁杆上，通常是单副无裥帘布。它们在17世纪50年代之后才被广泛使用。

尽管文艺复兴时期的窗饰一般简单而朴素，但床的外围和房间隔墙上的帘子却非常讲究，以便保护人们的隐私、防止风和噪音穿过整个房屋。

这种类型的帘子被称为门帘，源自法语单词porte，意为门。门帘通常挂在ensuite（法语单词，意为房间）里。白天的时候将一块织物（质料通常为丝绸、亚麻或羊毛）折叠在一起系在一边，夜晚的时候展开盖住门，以保护隐私。

在这个时代，床是一个人最珍视的财产。王公贵族的卧室必须体现其主人的尊崇。带有顶篷的四柱床非常大，为木质结构，上面雕刻有精巧的手工图案。床帐装在顶篷下方，围住整张床。在北方的气候下，床帐能用于保暖和挡风，而在温暖的地中海国家，它的主要功能是防虫。事实上，"顶篷"这个词被认为来源于希腊语"konops"，意为"小昆虫"。

这个时期的织物大多是平纹梭织的丝、羊毛或棉。由于新型的织造方法的发展, 法国和意大利开始广泛使用色彩浓艳而鲜明的天鹅绒和织锦。棉织物也有了手工印花和色彩鲜丽的大花图案设计。

文艺复兴临近末期之际, 窗幔开始被纳入窗饰中。灵感来自于古典希腊图案的三角帘和窗帘箱, 成为这一时期的收尾, 之后更为精致的窗饰在巴洛克时期繁荣起来。

巴洛克和乔治王朝早期（1643—1730）

巴洛克时期见证了窗饰的跨越性发展。在历史上，窗帘第一次成为室内设计中一个精心设计的独特装饰元素。编织技术的新进展，加上从印度进口的棉纺织品数量的增加，创造了专用于窗帘的新织物。

描述巴洛克时期的窗帘最常见的词语是更加"精细"和"夸张"了。檐板式窗帘盒与窗帘箱十分重要，是修饰窗饰顶部表面的首选方法，它们的主要功能是遮盖窗帘杆和装在下面的窗帘活动装置。檐板式窗帘盒是木制的，通常手工刻有非常精细复杂的花样。与檐板式窗帘盒不同，窗帘箱通常由加筋布制成，且常有手工装饰边。

珠缀，一种装饰镶边工艺，兴起于路易十四统治时期的法国。后来面对宗教迫害，胡格诺派逃到德国、英国和荷兰，也随之带去了他们精湛的工艺。

美丽的装饰最初用于掩盖窗幔的接缝，后来演变成王公贵族专享的装饰细节。在巴洛克时代的鼎盛时期，细绢纱制成的平织带、流苏和饰带被用作天鹅绒、织锦和花缎的装饰花边。

起初窗帘是简单的单幅织物。后来将它们设计为成对的两幅窗帘，其创新之举是在窗口处营造了对称美。这样一副窗帘通常在日间用一块布料或金属帘扣往后系起，晚间则拉上它以保护隐私。

17世纪的法国艺术家和室内装潢商丹尼尔·莫洛脱被认为是花彩装饰设计的创始人。花彩是一种织物，可在窗户上拉起，创造出一种帷幕效果。受到这种理念的启发，许多不同风格的窗帘和短幅应运而生，其中垂花饰和尾饰是最著名的。

窗扇在白天提供光照控制，由非常精细的薄织物在油中浸泡过后绷到框架上而成。框架固定在窗上，浸过油的织物变得半透明，成为阻碍阳光

的屏障。

床的顶篷也变得更加精致。实际的木质结构要比文艺复兴时期小，但是床幔和床帘的样式更加多样，装饰也更加精细。富丽的刺绣提花布和丝绸常常垂挂在装在木质结构下方的吊杆上。

欧洲巴洛克时期，英国和美国的装饰风格是乔治王朝早期风格。尽管受法国巴洛克风格影响很大，但乔治王朝早期风格是以一种更加细致的方式实现的。许多乔治王朝早期风格的窗饰设计代表作品都被认为是克里斯托夫·雷恩爵士的手笔，他是17世纪晚期的英国皇家建筑师。

乔治王朝晚期（1714—1770）

所有乔治王朝晚期的窗饰理念中最重要的莫过于将窗帘和床幔匹配起来。在那以前，二者被视为室内设计中无关的两个方面。富丽的金色、蓝色和红色花缎和织锦在当时既用于窗帘，也用于床罩。这个时期在室内设计中占主要地位的颜色还包括绿宝石色、蓝绿色和珊瑚色。

床幔的使用此时已遍及欧洲，不仅使富丽堂皇的屋舍更加温馨，而且还可起到装饰作用。由于此时的中产阶级已经买得起大块英式花园图案的擦光印花棉布，因此促进了这类窗饰和床饰的普及。富人家里通常拥有两套床幔，一套是在冬季使用的比较厚重的提花织物，另一套是在夏季使用的质地较轻的平纹细布织物。

外观优雅、装饰精美的窗帘箱主宰了乔治王朝晚期。贴花和刺绣技术促使外观设计进一步丰富。在窗帘箱下方用绳子拉起的波浪状花彩百叶帘，当时被视为欧洲外观最时尚的窗饰。

乔治王朝晚期的窗饰可以被描述为更加飘逸。最新的面料和设计带有柔软的垂饰，是之前的窗饰中从未有过的。在带有图案的织物上用缎带和花彩作为装饰，更增添了这种飘逸感。

意大利串线式或叠卷式窗帘在当时的英国更受欢迎。这种窗帘是通过向窗户外侧上角斜向拉动一根绳子产生花彩的外观，这样便可使窗帘优雅地层叠与曳动。现在的室内设计师仍采用这种非常优雅的方法制造花彩。

巴洛克时期油浸的窗扇作为控制光照量的装置在这个时期仍然通用。经常带有手绘的复杂精细的设计或户外场景的窗扇，是这一时期末卷帘的

前身。卷帘是由天然亚麻或棉布制成的，并且使用滑轮系统来卷起或拉下，以遮挡阳光和保护隐私。

设计窗帘的比例是根据16世纪的意大利建筑师安德烈亚•帕拉第奥的理念而建立的（即帕拉第奥原则）。当建筑师们开始按此比例来设计窗户的样式和外形时，窗帘就变得更为复杂。这些原则指的是根据古希腊古典建筑研究出的一套特定比例，可应用于各种外观元素，包括窗户。

洛可可和路易十五时期（1730—1760）

从巴洛克到维多利亚时代的室内装潢商全权负责房屋的室内设计。精致的床幔和窗饰都出自这些技艺精湛并且具有影响力的大师之手，他们尽忠职守地监管着实现他们豪华设计所需要的各种工艺。这些大师中包括一个名叫托马斯·奇彭代尔的人。

1754年，奇彭代尔出版了一本极具影响力的关于设计的书，即《绅士与家具师指南》。奇彭代尔通常采用中国式的图案和洛可可时期标志性的贝壳图案。这些图案被用在织物上，也用于雕饰富丽的木结构床和其他家具上。

这个时代的窗口形状给设计造成了很多困难，它们在今天亦是如此。顶部为哥特式风格和具有帕拉第奥式拱顶的窗口风靡整个欧洲和英国。奇彭代尔创造出曲线形的窗帘箱板和垂帷来装饰这些窗户，然后挂上微折的打褶的三角帘。

这一时期很多窗幔与床幔更为轻柔，更偏好追求舒适。轻质的真丝塔夫绸（即平纹皱丝织品）是制作窗帘的一种最常用的布料，颜色清新淡雅，正符合了这一时期的主旋律。这一时期的用色更加雅致：柔和的浅黄、浅粉和浅蓝色取代了上一世纪深暗的宝石色。

拉帘和罗马帘是这个时期最流行的窗帘。这种式样的拉帘要多加出宽松位，使它们的外观更为柔和。这些窗帘通常在顶部配有面料较奢华、颜色较深的短幔或配有一个装饰窗帘箱。

纺织业在这个时期的发展为织出经久耐用的面料提供了条件。Toiles de Jouy是一种产自法国＂朱伊＂村的印花面料，它的字面意思是＂朱伊的产品＂，它是今天被简称为印花布（toile）的面料的起源。印花布是一种使用铜版印花法印出来的面料。这种方法印出的面料更适合设计以及批量生产。用于生产擦光印花棉布的面料也在这个时期引入。

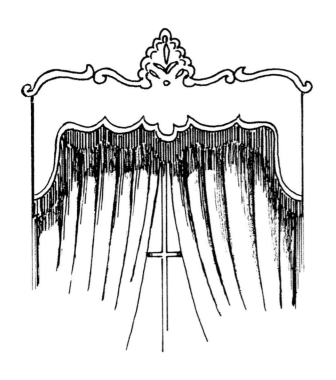

随着顶篷的外观更为轻巧，床的木结构被重新定义，产生了一些变化。半华盖一种较短的顶篷，从墙上伸出盖过床的一部分而不是整张床的长度。Lit a la polonaise是由四个床角上的床柱支撑的半球形顶篷，以美丽的丝绸面料为特色。在法国，将床置于壁龛中，在周围饰以高雅的垂帷成为一种司空见惯的做法。

棉布和丝绸取代巴洛克时期的天鹅绒和提花布这一类厚重的面料被用于顶篷和床幔。洛可可时期标志着从巴洛克时期极尽华丽、精致的风格向主导着18世纪晚期新古典主义的雅致古典风格的过渡。

新古典主义时期（1770—1820）

新古典主义是一种优雅的设计风格，以简单的几何形式为其特点。18世纪在对庞贝和赫基雷尼亚的发掘中找到的古希腊和古罗马的古典艺术品是激发这种风格的源泉。

这些遗迹的发现也激发了新古典主义时期的流行色，包括土褐色、赤土色和绿色在内的一整套大地色都能突显出黑色。其他影响装饰色彩的因素来自于工业而非历史。韦奇伍德陶器激发了当时流行的一系列蓝色，法国的奥布松和哥白林两家挂毯厂使用的颜色也带动了这种色彩流行趋势。

当时，床和顶篷的设计成为了家具师而非室内装潢商的责任。这导致了对床幔的较少关注，也影响了对窗和床都协调的檐板的采用。家具师中有一个叫托马斯·谢拉顿，他的设计在18世纪末期很有影响。

谢拉顿以独特的床体和精致的檐板闻名于世。在鲜明的中式风格影响下，谢拉顿引进了宝塔式檐板。他的设计作品雕刻并装饰着古典图案，发表于1793年出版的《家具师与装潢师绘图册》一书中。

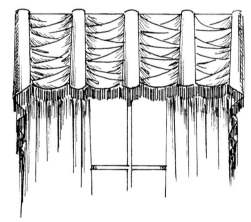

窗幔是新古典主义时代最常见的窗饰，出于对称性的考虑，窗幔都是成对的。这种较为简单的外观要求对用于装饰或功能目的的窗帘杆进行改进。这个时期引进了历史上第一套拉绳和滑轮杆（现被称为滑动帘棍）设备，减少了窗幔的磨损。

这些新滑轮杆中间有一个重叠的部分，大大提高了窗幔设计完成后的外观。此外，带有精致尖端和圆环的装饰杆为这个时期窗饰轮廓的简朴增

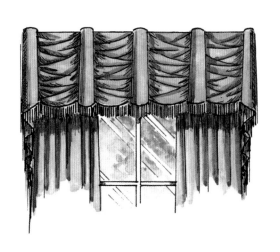

加了趣味性与平衡感。

随着透明薄织物的流行，上层窗幔下又加入了多层帘布。这些薄纱窗帘被装到窗框上，为房间提供进一步的私密性并起到防晒作用。

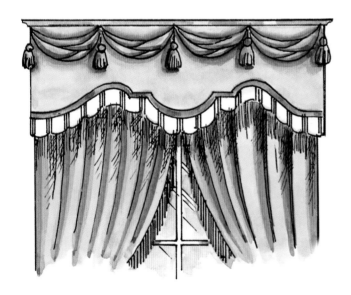
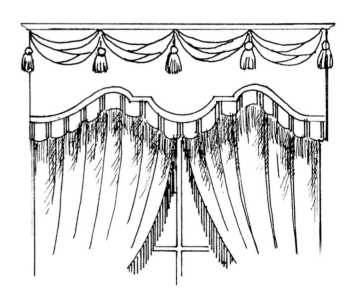

这个时期在装饰纺织品生产上最大的科技成果是由约瑟夫·杰卡德于1804年发明的提花织机。这种复杂的织机使得最复杂精细的图案都能通过机器织入面料，这在过去只能通过辛苦的手工劳动完成。新古典主义时期临近结束时，窗幔样式中最鲜明的对称性被后来流行于帝国时期的不对称外观所取代。

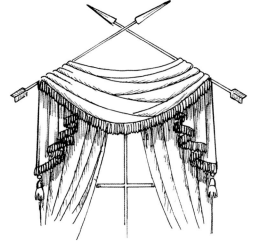

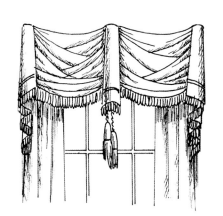

联邦、帝国和摄政时期（1804—1860）

床幔和顶篷减少了空气流通并召来灰尘，木结构则会成为昆虫的温床，一旦人们开始关注健康问题，敞开的铁质床就取代了它们。这使得人们在帝国和摄政时期对床饰和窗饰更加重视。

同样，带顶篷的床也逐渐淡出人们的视野，窗帘箱和檐板也变得不那么重要了。多层窗帘的使用使窗饰保持着殷实的外观，通常为不对称的造型。一扇窗户有四或五层窗帘也并不稀奇：上面一层窗幔，下面是一层质地较轻的衬帘，再下面是另外一层帘布，并且很有可能在整套窗帘上

方还装着一层三角短幔。

在帝国时期，透明薄衬帘的流行趋势继续上升。这种丝绸或棉细布质地的衬帘成为中性色调的标准窗饰。另外，窗纱，也是纱质的，用于不太正式的房间设置中，安装在窗户的下半部，紧靠玻璃窗格。历史表明，这两种类型的窗帘都用来防止有害的昆虫从打开的窗口进入，并起到过滤光线的作用。

窗帘箱和檐板式窗帘盒淘汰后，需要改进和设计出更加复杂精细的帘头与窗帘杆。法式褶、高脚酒杯状褶和蜂窝褶帘头都具有规则化和装饰化的褶裥，而窗帘杆变成了它们华丽的展示部件。窗帘杆上黄铜或木质的尖端和支架的灵感来自月桂树和莨苕叶等古典图案以及枪尖和鹰等军用纹饰。

"连续窗帘"，这个叫法原本是指通过连续的短幔或窗帘杆使两个以上单独的窗子看起来像是一个大窗口的做法，后来被用来借指这一时期的不对称设计。每一扇窗单独看上去都是不对称的，但当与同一排的其他窗子结合起来，镜像会创造出一个平衡的效果。

拖地窗帘在帝国时期更加流行。这一时期的设计师在窗帘的合适长度上持有不同的意见，有的认为只要能优雅地悬于地面之上一二十厘米处就够了，有的则认为要用几米长的面料创造出更戏剧性的曳地效果。

历史学家们也莫衷一是，有些认为面料额外的长度是用来接灰的。有些则相信窗幔的长度代表着财富：窗幔主人用得起的面料越长，表明他们越富有。还有另一些人则认为这纯粹是出于功能性的考虑：不让风吹入窗口。由于前几个时代的床幔已弃而不用了，最后一种猜测尤为可能。

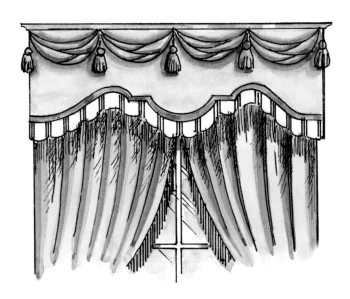
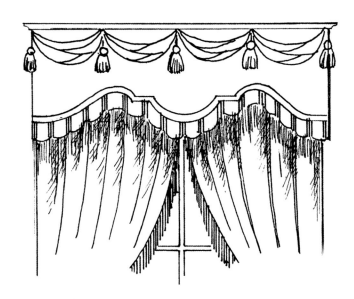

这个时期始终被广泛使用的另一装饰细节是反转内衬。作为主窗幔的内衬，第二层面料被里朝外翻转过来，露出背面的质地，可以带来额外一层窗幔的效果。

卷帘为室内设计增添了艺术元素。它们成为风景画和印花设计的画布。有时装点着流苏或滚边，卷帘经常是这个时期窗饰中不可或缺的一部分。

从历史发展来看，窗饰风格在奢华富丽与低调简朴中循环发展，其中伴随有通往顶峰的短暂过渡期。 帝国和摄政时期的多层样式就是通向维多利亚时期华丽外观顶峰的短暂过渡期。

维多利亚时期（1840—1901）

维多利亚时代是一个复杂的时期，因为它包括许多不同的阶段。不过历史学家一致认为，它是一个奢华和喧嚣的时代。窗子轮廓上的多层窗帘反映了维多利亚时代奢华的内部装饰。就像之前的时代一样，窗饰包含四五层窗帘也不足为奇。

使用织物和流苏作为窗饰细部是流行趋势。有对比感的面料常用于给窗幔和短幔镶边。看起来厚重得多的金丝流苏取代了穗状流苏和穗带。

用作衬帘和窗纱的蕾丝逐渐流行起来。由于蕾丝和织网是机器制造的，中产阶级也能买得起。蕾丝或透明薄纱被系在黄铜窗帘杆上，下摆或自由地散开，或用另一根窗帘杆装在窗框上。当用在卧室中或门上时，这些薄纱会被系上丝带，拦腰束起，打造出沙漏般的造型。

这个时期受人尊敬的设计师们建议顾客给窗幔加上内衬。内衬的重要性在于它不但会延长面料的使用寿命，也具有保暖性，并有助于防止其他室内陈设因日晒而褪色。

著名设计师约翰·劳登认为窗幔不能防风，除非加上一个檐板式帘头。这种帘头的木箱可隔离窗帘顶部冷风能吹入的空间。尽管仍然是镀金的，有时更有黄铜装饰，这个时期使用的檐板式窗帘盒与较早时期的那些相比，尺寸更小，也没有那么华丽。

布边饰是檐板式窗帘盒的加长版，表示窗口两侧伸下的"腿"，在帝国时期和维多利亚时代早期曾经风靡，但在19纪末期被淘汰了。因为人们觉得这些大构件对那时的室内装饰来说太笨重了，而且过多阻挡了光线。

布艺窗帘的设计不断获得新的发展。为了制造出柔软的起伏，面料和宽松位不断增加。带有紧密缝制的较小花彩的奥地利帘便是这样产生的。带有垂花饰和尾饰的短幔常常与奥地利帘配套，形成精致优雅的外观。

当时的卷帘已装上了弹簧机制，仍然是保护隐私和控制阳光的重要窗饰。这一时期迅速发展起来的其他百叶窗，包括木质横条百叶帘和遮板百叶窗。

维多利亚时代奢华之风的批评者们发动了一场变革，提倡简单的造型和回归哥特式设计原则。这就是后人所知的"唯美主义运动"。威廉·莫里斯这个名字已成为装饰面料的代名词，他是"唯美主义运动"在室内设计领域的奠基者之一。

他和其他有影响力的设计师们（如查尔斯·伊斯特雷克）反对维多利亚极盛时期令人窒息的过度装饰。他们的设计保持着简朴和功能性，只是作为室内装饰的背景而存在。

"唯美主义运动"的理念一直盛行到19世纪末期，一场复兴运动重新引入了受到法式风格影响的窗幔样式，再一次回归于精致的檐板式窗帘盒、厚窗帘、衬帘和所有代表过去几个时代的窗饰。

窗幔和窗帘

欧洲人认为"窗帘"与"窗幔"这两个术语是可相互替代的，而美国人则认为这是一对同义词。窗幔使用的是较为厚重的织物，有时带有内衬，比用较轻较透明的材料制成的窗帘显得更正式。但不论理想效果如何，窗幔总能作为一个简单的艺术品，其长度或垂到窗台，或垂到地面。无论是在柔和的白色卧室还是带有时代风格的餐厅，窗幔都能轻而易举地同家具和墙饰相协调，因此它能使任何空间很好地保留自己的风格。窗幔也能起到暗示作用，用其纹理和颜色提示人们窗子另一边的风景——是充满生机的绿橡树、鲜红的玫瑰花丛还是蔚蓝的大海。窗幔种类繁多，能满足最简单的需求，也能满足最挑剔的品味。虽然有时窗幔花费较高，但它既有美学价值，也有不少优点。

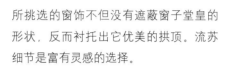

所挑选的窗饰不但没有遮蔽窗子堂皇的形状，反而衬托出它优美的拱顶。流苏细节是富有灵感的选择。

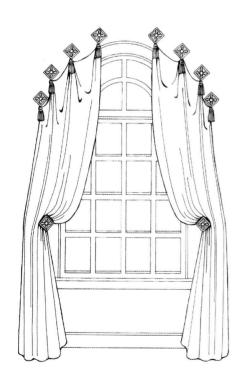

特别的五金配件成为这扇拱顶窗吸引眼球的饰件；起褶垂下的帘布有着极为柔软的质地。

不论窗户是大是小，窗幔都能将外界隔开，为住宅提供一份舒适的私密感。在寒冬的夜晚，它还能起到保暖的作用。当你窝在最爱的扶手椅中，不论你是要读几本好书，还是打一个小盹儿，窗幔都能为你提供最适宜的光线。窗幔具有变色龙一般的性质，无论品味的高低或是否追求庄重，在你住宅的任何房间内，它都能对其现有的风格进行烘托。近年来，定制的窗幔已经变成了某种地位的象征——尤其是当它用到了当今奢华无比的织物和手工打造的窗帘杆和顶部装饰。

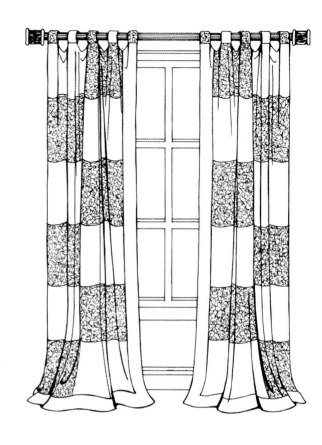

宽边帘布有两种颜色的方块图案，顶部有布圈，穿在直径约7.6 cm的窗帘木杆上，一直垂到地板上。充满现代魅力。

单色调的帘布被装饰五金配件恰到好处地衬出。

顶部带有金属扣眼的帘布用
同套系的窗帘系带束起。

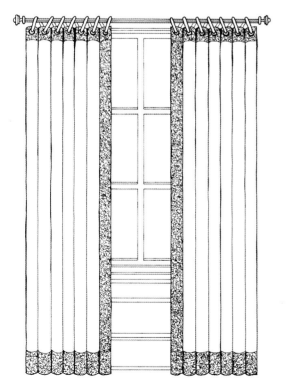

小金属扣眼带有与帘布同套
系的系绳,顶部、底部和前
沿镶边。

顶部有独特绳带的帘布用
同套系的窗帘系带束起。

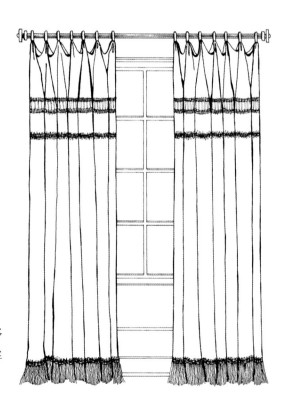

顶部有圆环的窗帘上是多
层宽横条，底部还有金丝
流苏。

被固定的帘布柔化了窗框，而条纹图案的罗马帘提供了隐私保护和对阳光的遮挡。

平坦的帘布从顶部翻过装饰杆，还带有穗状的窗帘绳。

顶部有扣眼的帘布
十分简洁；面料提
供了视觉趣味。

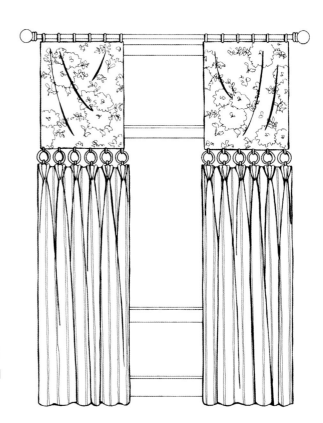

固定褶饰窗帘用圆
环连接在平整无裥
的帘布下方。

通过将帘布装得比窗子更高和更宽，使小窗户看上去变大了。窗框两边各有一个金属帘扣，用于固定双重面料的帘布。

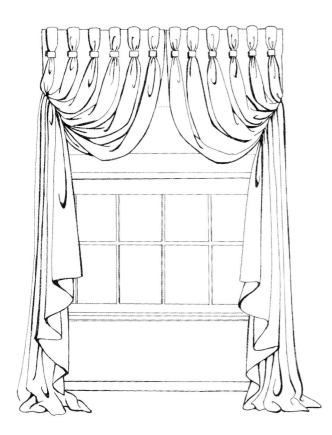

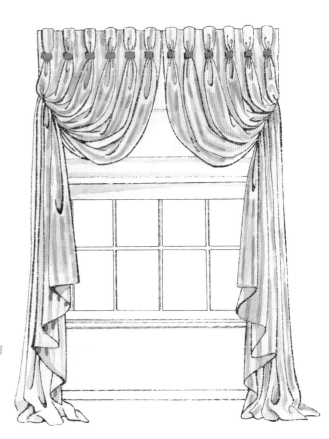

高脚杯褶的意大利式帘布，瀑布似地垂向地面。底下是一幅无褶罗马帘，以保护隐私和控制阳光。

带有垂饰的高脚杯褶窗帘用意大利式窗绳向两边拢起。注意漂亮的穗带和流苏。

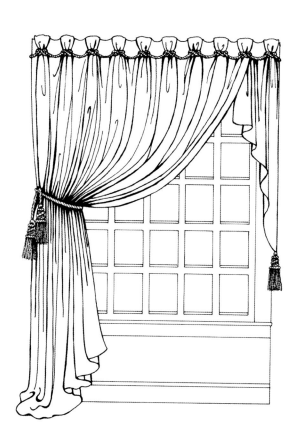

不对称的高酒杯褶帘与右边的小瀑布状帘布相得益彰。穗饰和编结带是细节中的亮点。

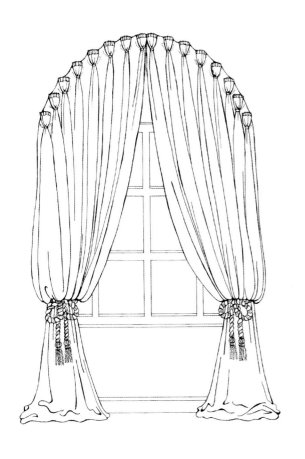

拱形的高脚杯褶帘营造出一种戏剧性的效果。带绳结的灯笼袖效果则加强了这种戏剧性。

带有边饰和垂饰的高脚杯褶帘被鸢尾形帘钩和流苏吊穗绳拢起。

顶部有圆环的下垂式褶
裥帘布，由上下两个相
同的部分组成，将人们
的注意力吸引到窗饰的
中间部分，突显出复杂
精细的流苏边和珠饰。

帘布上方的翻边式短
幔打造出独特的外
观。短幔较长的倾斜
边饰引导着人们的目
光向下集中于曳地的
帘布和饰边上。

顶部带有马耳他十字结的下垂式褶裥窗帘非常简洁。帘身也用马耳他十字结束起。

法式褶（捏褶）拼色帘布凭借现代的圆环和帘杆装置自由滑动。

带有绒球花边的高脚杯褶帘，加上旗饰、小垂饰和配套的系带，成就了一款非常漂亮的门帘。

复杂精细的镶边增加了笔形褶帘的吸引力，窗帘用隐形帘钩拉起，露出透明薄衬帘。

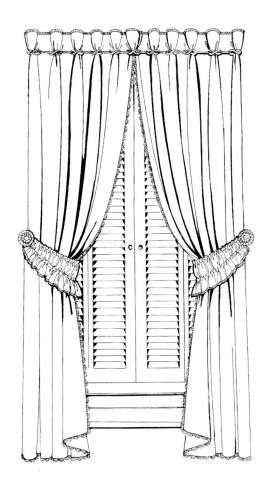

高脚杯褶帘和褶裥系带别致地
柔化了硬质的百叶窗扇。

带有花彩旗饰和垂饰的欧
式褶帘挂在装饰帘杆上。
曳地窗帘上方的褶层系带
为这款窗饰带来了简约而
优雅的感觉。

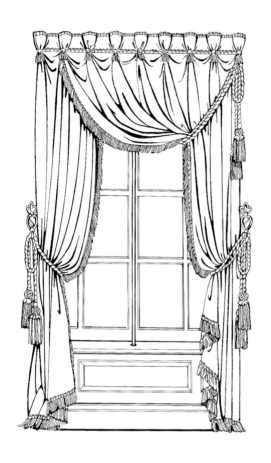

这是一款美丽的不对称窗饰，有着高脚杯褶饰和金丝流苏吊穗。注意右边的帘布，顶部和中间都有吊穗系带，平衡并提升了它的美感。

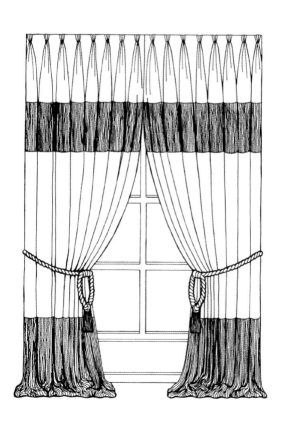

拼色图案的蝴蝶褶帘拖曳到地上，产生戏剧性的效果。

挂在装饰帘杆上的简约法式褶皱多层面料帘布极具现代感。如要做成曳地式窗帘，使用固定的帘布即可。但是做成可以左右移动的不曳地窗帘效果更好。

该帘布顶部布圈织法独特，且配有同套系的系带。这明显是固定窗饰。

穿杆窗幔

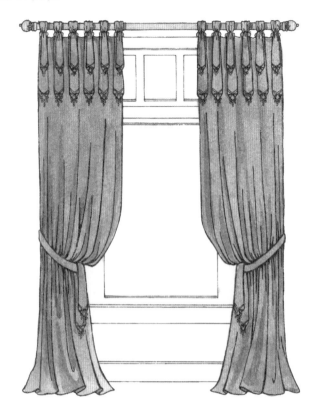

带有领带式垂饰的吊带窗帘。注意系带上增加的领带式装饰为窗帘加入了补充元素。

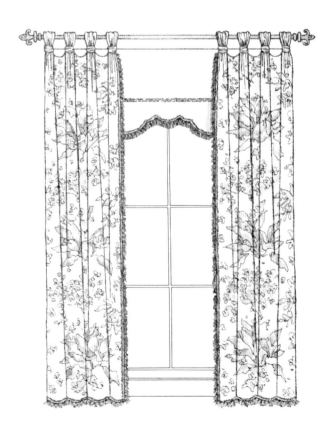

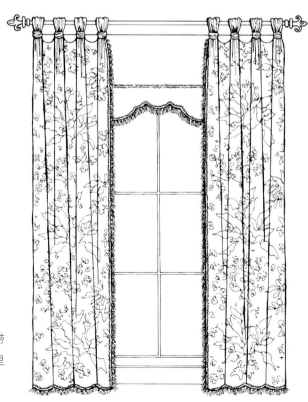

带有缩皱布结的固定吊带帘布挂在装饰帘杆上，里面还有一层卷帘。

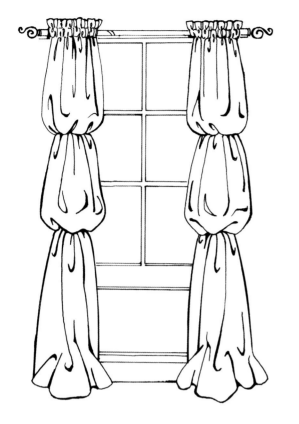

挂在铁艺窗帘杆上的简约
多层灯笼袖式曳地帘布。

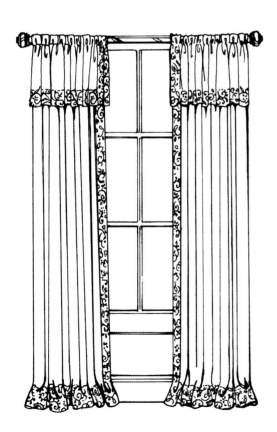

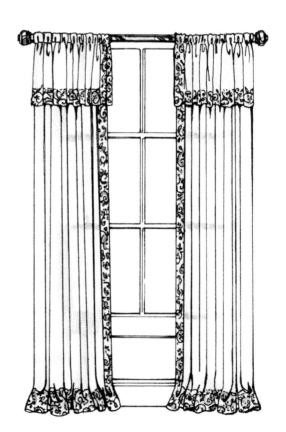

荷叶边帘布带着同套系的
镶边，前沿和底边〝轻
拂〞着地板。

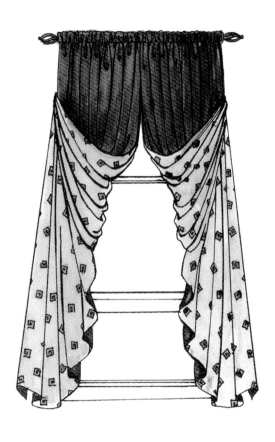

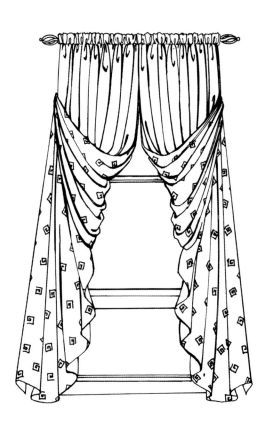

挂在木质帘杆上的燕尾式穿杆帘有着协调的内衬，在高处拢起。

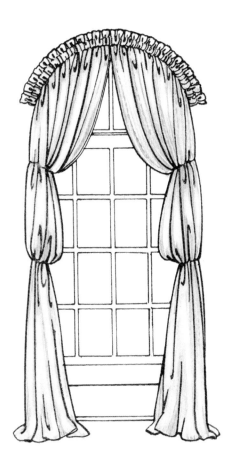

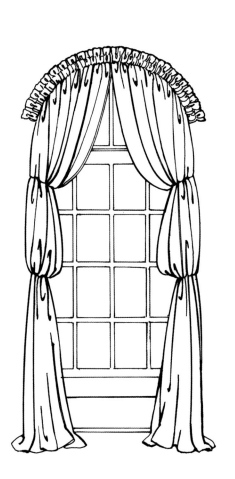

拱形穿杆灯笼袖式曳地帘布。

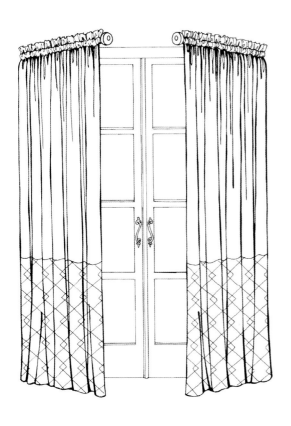

特殊的回摆装置便于法式落
地双扇门的使用。配套的面
料增加了良好的触感。这种
门帘通常有隐蔽的帘杆可将
帘布拉回原处。

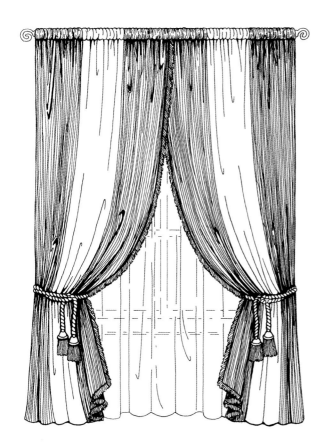

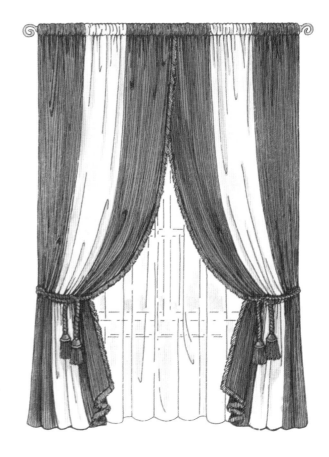

带透明薄衬帘的拼色穿杆
帘布华丽而吸引眼球。

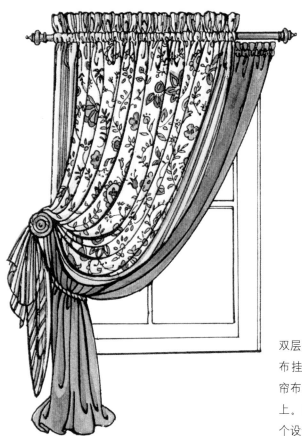

双层穿杆单侧帘布。外层帘
布挂在一根木杆上，内层
帘布则是挂在隐蔽的金属杆
上。奖牌状的帘钩圆满了整
个设计。

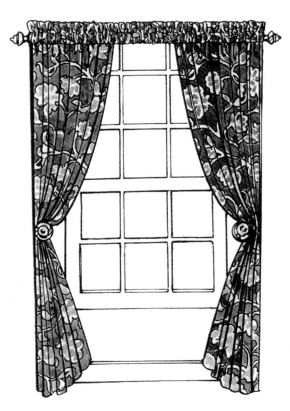

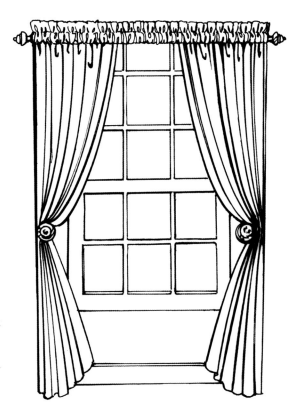

造型简朴、花费合理的穿
杆窗帘，奖牌状的系帘扣
上有直径5厘米的管状件将
帘布收拢在一起。

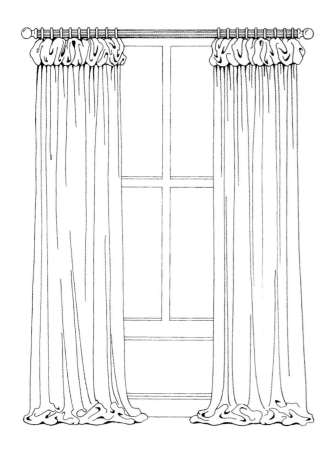

用圆环挂起的女罩衣式曳地帘布营造出意想不到的优雅。

窗帘顶部三重女罩衣式的造型以独特的美感吸引着人们的目光。

多拱形荷叶边缩褶曳地
帘挂在牧羊杖形的铁艺
装饰杆上。

带有镶边且后衬缩皱三
角帘与垂饰的荷叶边曳
地固定帘布，在装饰杆
上呈现出一种不对称的
造型。

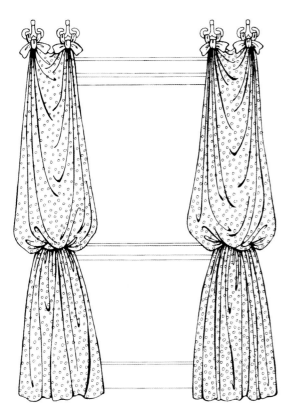

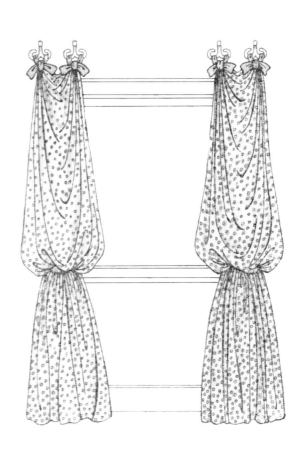

这款花费不多的缩皱窗饰被设计成带装饰结的灯笼袖式。衣帽钩或类似的小挂件可用来挂起帘布。

带有玫瑰花饰和流苏窗帘绳的灯笼袖式拱形窗帘。

窗帘式样

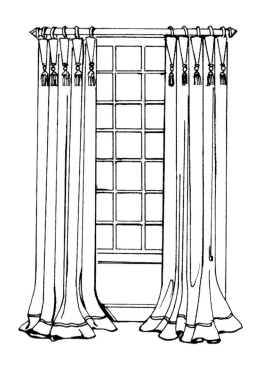

带小旗饰和吊穗的褶裥窗幔

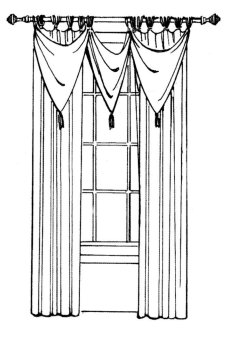

带大旗饰和吊穗的吊带窗幔

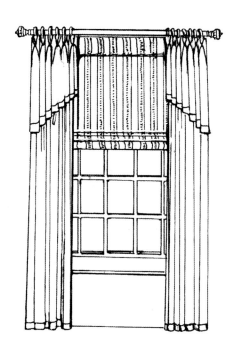

装饰杆上后衬罗马帘的不对称荷叶边褶裥窗幔

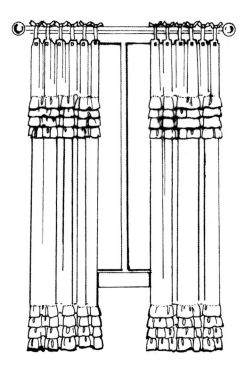

打结系在装饰杆上的无裥窗幔，
帘眉与底边处有起褶的荷叶边。

带编结系绳的荷叶边法式镶边褶帘

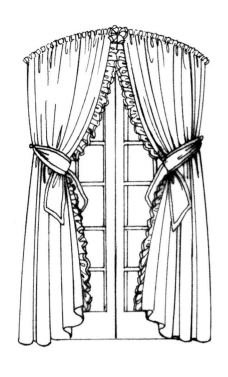

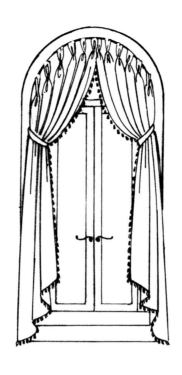

在帘的高处有系带的镶褶边拱顶穿杆门帷

在帘的高处有系带的拱顶法式褶帘

带灯笼袖和大吊穗的拱顶无裥门帷

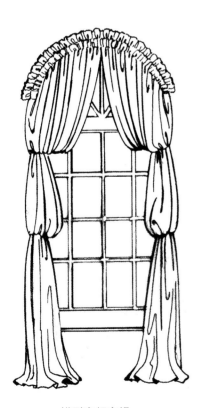

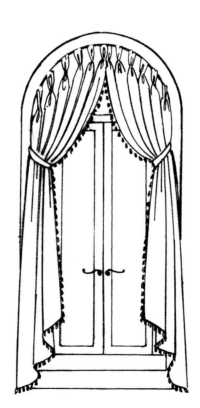

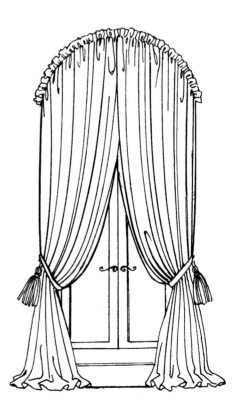

拱形穿杆窗幔

拱形花结花彩门帷

有系带和大吊穗的拱形缩皱门帷

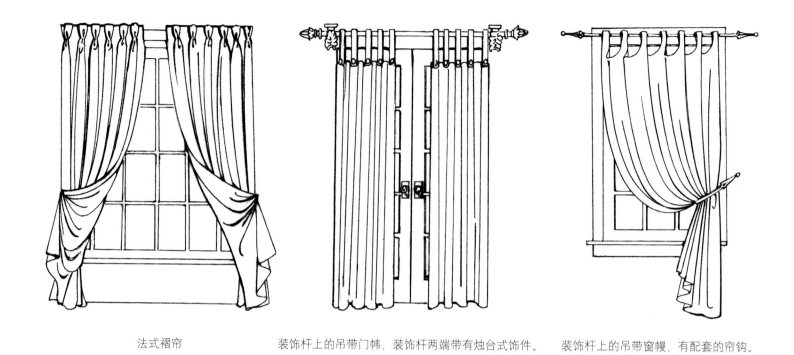

法式褶帘　　　　　　　装饰杆上的吊带门帏，装饰杆两端带有烛台式饰件。　　　装饰杆上的吊带窗幔，有配套的帘钩。

装饰杆上的吊带窗幔，有配套的帘钩。

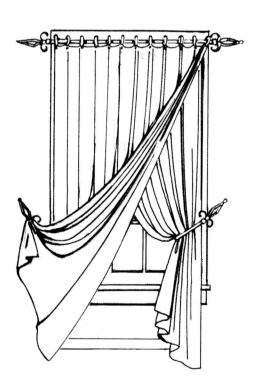

装饰杆上的双层吊带窗幔，有配套的帘钩。

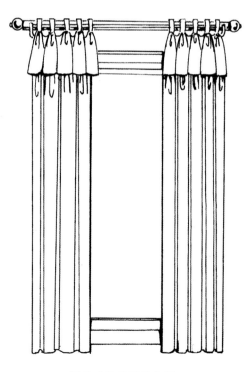

带荷叶边的吊带窗幔

穿杆窗幔，窗帘杆上套着缩褶布。

装饰杆上带有下垂旗饰的无裥窗幔，后衬罗马帘。

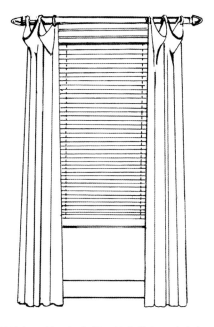

装饰杆上的无裥窗幔，装在横向百叶窗上。

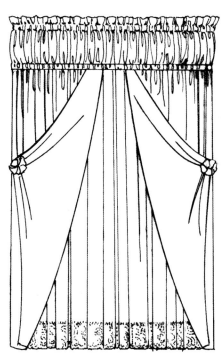

带燕尾服式帘钩的双层穿杆窗幔

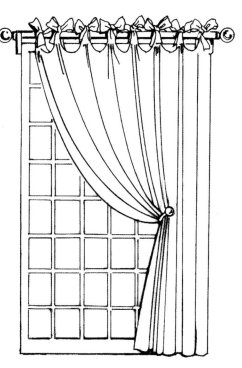

有系带的蝴蝶结吊带窗幔

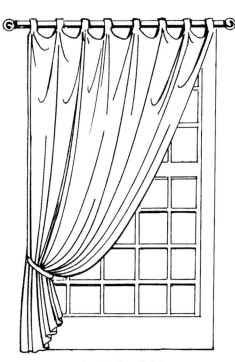

有系带的吊带窗幔

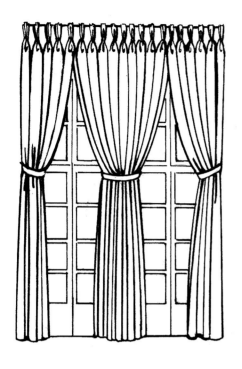

有系带的褶裥窗幔

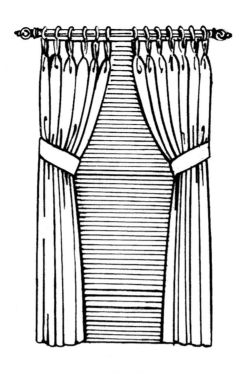

横向百叶窗上的系带褶裥窗幔

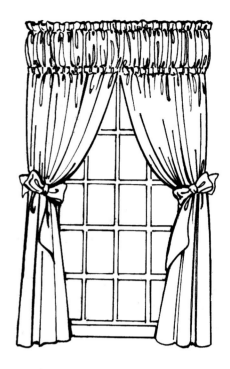

有大蝴蝶结系带的双重穿杆窗幔

有系带的双重穿杆窗幔

穿杆固定窗幔，帘杆上套有布料。

用帘钩拢住的固定窗幔，装在套有布料的装饰杆上。

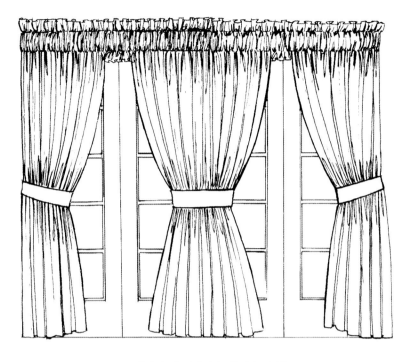

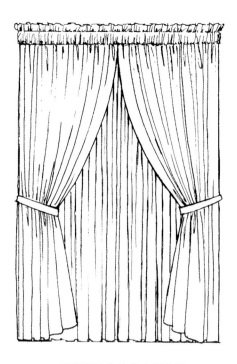

带帘杆套（布套）的穿杆窗幔

透明薄纱帘外的穿杆窗幔

有顶套和系带的穿杆窗幔

穿杆窗幔

有蝴蝶结系带的灯笼袖窗幔，缩皱于装饰杆上。

固定穿杆窗幔，装饰杆中间有布套。

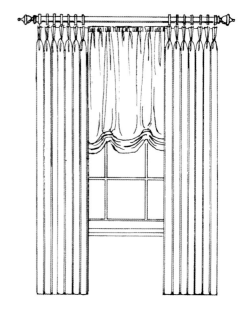

云状窗帘外的法式褶窗幔

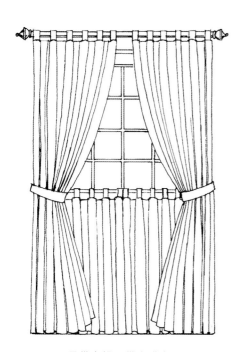

吊带窗幔下带咖啡帘

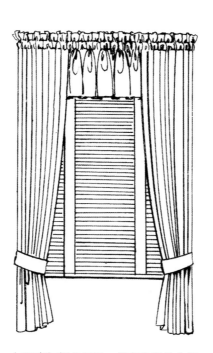

与配套短幔共用同一根窗帘杆的穿杆
窗幔，用布条在木质百叶窗上拢起。

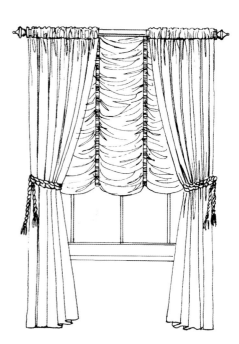

在奥地利帘外缩皱于装饰杆上的窗幔

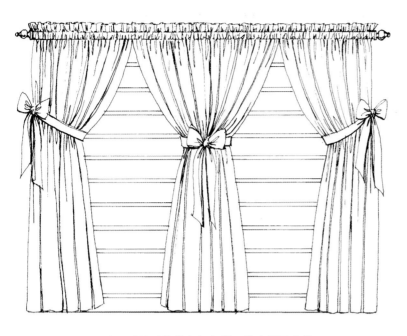

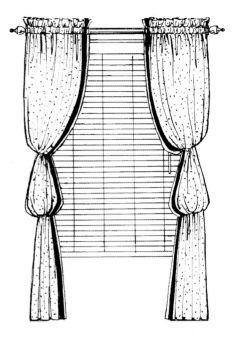

有多个蝴蝶结系带的穿杆窗幔，装在罗马帘外。

迷你百叶窗上的镶边固定灯笼袖式窗帘

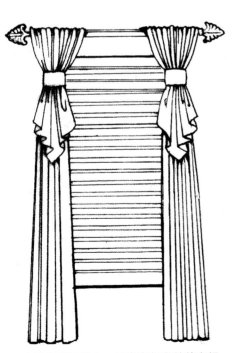

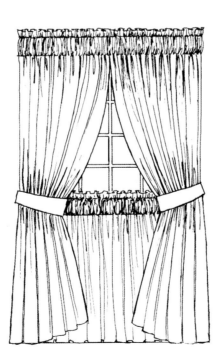

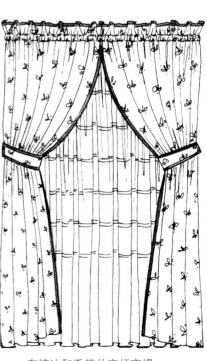

在横向百叶窗上，从窗帘杆翻转的窗幔

有系带的无裥穿杆窗幔和咖啡帘

有镶边和系带的穿杆窗幔

定制窗幔

标准定制工艺和品质特性

· 帘头用双层布料。

· 帘头约为10或13厘米，用固定的硬衬布（除非要求为"下垂式无硬衬布"帘头）。

· 褶裥按惯例另外用线固定。

· 帘布看上去都有粗缝的毛边和锁边。

· 所有帘布搭配得宜，并按表中所列的尺码。

· 底边和侧边盲缝。可能需要加上珠坠，以防轻质的布料飘扬。

· 底边约为10或13厘米，用双层布料，双层侧边约1.3厘米。

· 所有帘布的重心在边角和接缝处。

· 窗幔中包含多层布幅，以便褶裥遮住缝纫线条。

窗幔术语

布幅指打褶后的成品尺寸在顶部能量得宽为40.6厘米到70厘米的任何长度的一块布料。比如，使用一块121.9厘米宽的布料，完成后70厘米的布幅被认为是二倍宽松位，或2比1；40.6厘米的成品宽度被认为是三倍宽松位，或3比1。能将任何数量的布幅拼起来完全盖住窗口区域。

一块（帘布）由一个或一个以上布幅组成，专门用于一个单开帘，叠在左侧或右侧，或者固定不动。

一副（窗幔）指盖住想盖住的区域的两块相等的帘布——除非需要一副偏置式窗幔。

前后距指帘杆到墙壁的距离。

重叠量指窗幔完全拉上时左右两边的前沿彼此重叠的尺寸。重叠量有助于平衡褶裥和减少光线的渗漏。

窗幔可选项

（更多选择见附录）

· 带约10或13厘米硬衬布的捏褶。

· 箱形褶或吊带箱形褶。完成后的长度要加上窗帘杆的直径。若是无裥吊带窗幔则使用2比1宽松位。

· 穿杆，缩皱（平行绉缝），高脚酒杯褶，荷叶边，女罩衣式，翻边。

· 自带内衬，夹层或涤棉内衬，隔光夹层或保暖绒面革。

褶间距

褶间距取决于用来达到特定成品宽度的布匹。例如，三布幅的材料打褶做成一副宽约1.5米的窗帘和三布幅的材料打褶做成一副宽约1.8米的窗帘的褶间距是不同的。若想使褶裥与褶间距在不同布幅的窗幔上看起来一样，你应该在定制窗幔时明确指定"相对宽松位"。直条纹的面料不能保证条纹均等地落在褶间。

定制窗幔

由于"定做"的窗幔要符合你的实际要求，尺寸必须尽可能仔细量定，并且只能使用钢卷尺。要再三检查所有的尺寸以求精确，因为改制窗幔往往比制作新的窗幔更费钱。就算窗子的大小看起来都一样，也要分别测量每一扇的尺寸。如果长度各不相同，则采用最短的尺寸，特别是对于天花板到地板的长度。如果不遵守这一条，窗幔的一部分可能会拖到地板上。

窗幔宽度

· 从一头到另一头测量窗帘杆的长度。

· 在测量结果上加上30.5厘米，其中包括滑轮杆的标准来回和重叠长度。

· 窗帘杆到墙壁的标准距离约为7.6厘米。如果是双层窗幔，要为衬帘留出大约15厘米的空隙。

· 定做单侧帘布时，指明拉动的方向：左侧还是右侧。

窗幔长度

· 从窗帘杆顶到地板或到地毯进行测量。

· 衬帘至少应比外层窗幔短1.27厘米。

· 如果是及地长度的窗幔，最好在两边和中间都测量长度。使用其中最小的数值作为尺寸（如前文所述）。

· 窗帘杆应该安装在窗子上方至少约10厘米处，这样从室外看不到挂钩和褶裥。

· 对于有窗台的窗子，在窗台下方留出大约10厘米的长度，这样从室外看不到窗幔的底边。

· 带有悬挂吊环时，窗幔长度从吊环底部开始向下算。

下表为带10.2厘米或12.7厘米帘头的成品长度加上50.8厘米，仅平纹织物的尺寸。

成品长度	每副或每块窗幔的布幅总数													
	2幅	3幅	4幅	5幅	6幅	7幅	8幅	9幅	10幅	11幅	12幅	13幅	14幅	15幅
91.4厘米	3¼	4¾	6¼	7¾	9¼	10¾	12¼	13¾	15¼	16¾	18¼	19¾	21¼	22¾
101.6厘米	3½	5	6½	8	9½	11	12½	14	15½	17	18½	20	21½	23
111.8厘米	3¾	5½	7¼	9	10¾	12½	14¼	16	17¾	19½	21¼	23	24¾	26½
121.9厘米	4	5¾	7½	9¼	11	12¾	14½	16¼	18	19¾	21¼	23¼	25	26¾
132.1厘米	4	6	8	10	12	14	16	18	20	22	24	26	28	30
142.2厘米	4¼	6½	8½	10¾	12¾	15	16¾	19	21¼	23¼	25½	27½	29¾	31¾
152.4厘米	4½	6¾	9	11¼	13½	15¾	18	20	22¼	24½	26¾	29	31¼	33½
162.6厘米	4¾	7	9½	11¾	14	16½	18¾	21	23½	25¾	28	30½	32¾	35
172.7厘米	5	7½	10	12¼	14¾	17¼	19¾	22	24½	27	29½	32	34¼	36¾
182.9厘米	5¼	7¾	10¼	13	15½	18	20½	23	25¾	28¼	30¾	33¼	36	38½
193厘米	5½	8	10¾	13½	16	18¾	21½	24	26¾	29½	32	34¾	37½	40
203.2厘米	5¾	8½	11¼	14	16¾	19½	22¼	25	28	30¾	33½	36¼	39	41¾
213.4厘米	6	8¾	11¾	14½	17½	20¼	23¼	26	29	32	34¾	37¾	40½	43½
223.5厘米	6	9	12	15	18	21	24	27	30	33	36	39	42	45
233.7厘米	6¼	9½	12½	15¾	18¾	22	25	28	31¼	34¼	37½	40½	43¾	46¾
243.8厘米	6½	9¾	13	16¼	19½	22¾	26	29	32¼	35½	38¾	42	45¼	48½
254厘米	6¾	10	13½	16¾	20	23½	26¾	30	33½	36¾	40	43½	46¾	50
264.2厘米	7	10½	14	17¼	20¾	24¼	27¾	31	34½	38	41½	45	48¼	51¾
274.3厘米	7¼	10¾	14¼	18	21½	25	28½	32	35¾	39¼	42¾	46¼	50	53½

（1码=91.44厘米）

褶裥与宽松位关系表

(121.9厘米布料)2½倍宽松位														
打褶后宽度	48.3	96.5	144.8	193	241.3	289.6	337.8	386.1	434.3	482.6	530.9	579.1	627.4	675.6	723.9
布幅数	1	2	3	4	5	6	7	8	9	10	11	12	13	14	15

(121.9厘米布料)3倍宽松位														
打褶后宽度	38.1	76.2	114.3	152.4	190.5	228.6	266.7	304.8	342.9	381	419.1	457.2	495.3	533.4	571.5
布幅数	1	2	3	4	5	6	7	8	9	10	11	12	13	14	15

(137.2厘米布料)2½倍宽松位														
打褶后宽度	53.3	106.7	160	213.4	266.7	320	373.4	426.7	480.1	533.4	586.7	645.2	693.4	746.8	800.1
布幅数	1	2	3	4	5	6	7	8	9	10	11	12	13	14	15

(137.2厘米布料)3倍宽松位														
打褶后宽度	43.2	86.4	129.5	172.7	215.9	259.1	302.3	345.4	388.6	431.8	475	518.2	561.3	604.5	647.7
布幅数	1	2	3	4	5	6	7	8	9	10	11	12	13	14	15

尺寸计算

通用计算

（有关术语和信息详见下页）

进行窗饰尺寸计算时，必须考虑以下几个因素：窗子宽度和高度，窗饰覆盖面积，所需宽松位数，面料宽度和种类，镶边和帘头，以及图案的重复（如果适用）。精确测量后，继续进行以下的步骤。

步骤1

决定需使用的布料幅数。计算方法是将要覆盖的区域的宽度与给出的宽松位系数（列于窗饰页上）相乘，再除以所用布料的宽度。得出的结果就是要达到想要的宽松位所需的布料幅数。因为布料是整幅出售的，所以这个数字必须是一个整数。

步骤2a

计算尺寸。在窗饰长度上加上镶边、帘头的留量和可用式样的留量，如翻边或女罩衣式的顶部装饰（如下图所示）。这些留量列于物料项目页的相关尺寸计算下。然后将这些数字与所需的布料幅数相乘，就得出了尺寸。此计算方法只适用于单色面料或重复图案的尺寸小于15厘米的面料。（重复图案尺寸大于15厘米的面料的尺寸计算方法见下。）

步骤2b

将长度与可用的留量相加，除以重复图案的长度。这个数值是达到想要的长度所需的重复图案数。若得出的数值是分数，则必须将它进到最接近的整数。

步骤2c

确定裁剪长度——这是在加上图案的循环、镶边和翻边，堆地部分等装饰之后裁剪出的实际长度。将所需的重复图案数乘以单个图案的长度，得到的就是裁剪长度。

步骤2d

将步骤1得出的所需布料幅数乘以裁剪长度，得到一个重复图案所需的总尺寸。

特别说明

本书试图尽可能确保计算和物料尺寸表的准确性。但是由于面料或工作室所用具体规格的差异，可能需要对尺寸计算进行某些修改。对于复杂或精细的窗饰款式，如花彩、垂饰和拱形窗饰，请向设计师或专业的窗饰工作室咨询。

也请注意，每套尺寸计算表所配的照片和插图并非展示图。这些图片只是起说明作用。

用吊环吊起的女罩衣式曳地帘布营造出随性的优雅

灯笼袖的最小长度 = 每个打褶的膨起处加上约38～51厘米。

CD = 垂饰垂度，即垂饰的长度。通常衬帘的3/5是视觉效果最好的。

CL = 剪裁长度。需剪布料的长度，包括为帘头、镶边和其他特别装饰如灯笼袖或翻边留出的部分。

C/O = 对开帘的窗幔。

F = 宽松位。窗幔打褶或缩皱后的宽松位；通常无裥帘布或吊带窗幔用2倍宽松位，捏褶或箱形褶用2.5倍，而透明薄窗帘用3倍。

FL = 成品长度。添加帘头和镶边前的帘布的长度（窗幔的成品长度是指在添加完之后）。

最小宽松位 = "定制"窗幔一般需要考虑2.5倍至3倍宽松位。透明薄窗帘则需要3倍。

FW = 成品宽度。包括来回和重叠部分在内的帘布的总宽度。

HH = 帘头和镶边的留量。定制窗帘要求帘头和镶边裹入两层。因此，对于有10厘米帘头和镶边的窗幔来说，你必须加上大约40厘米，而有13厘米帘头和镶边的窗幔则必须加上大约51厘米。

OL = 重叠量。一副单层（无衬帘）窗幔需要15厘米重叠量，单块单层帘布需要9厘米。

O/W = 单帘布，单向拉动的窗幔。

曳地帘布 = FL（成品长度）加上15到46厘米

R = 花位。图案重复循环之前的总大小。

RFW = 杆面宽度，帘杆总长度，不包括帘杆突出墙壁的距离。

RT = 前后距。帘杆突出墙壁的距离。标准单层窗幔需加上15厘米（每侧7.5厘米），双层窗幔（带衬帘）需加上30厘米。比如：杆长（RFW）约2.6米的一对单层窗幔需要加上30厘米。15厘米是前后距，15厘米是重叠量。一对双层窗幔需要加上45厘米。30厘米前后距，15厘米重叠量。

SB = 堆叠量。当你拉开帘布时，堆叠起来的布料量，通常是窗帘杆表面的三分之一。

SBGC = 窗框玻璃之间有间隙时，堆叠在后面的帘布 = 杆面 × 1.5。

SBGC = 留有间隙的玻璃幕墙上的堆叠量 = 杆面 × 1.5。

SD = 花彩垂度。根据五分法则（即5或6的比率更为美观），花彩垂下的长度应等于下方帘布长度的约五分之一。

TW = 总宽度。定宽布宽度乘以个数得到的数值即所需帘布的总宽度。

TY = 总尺寸。窗帘制作的总尺寸。

试计算！基于178厘米RFW（杆面宽度）和213厘米FL（成品长度），对中间敞开的单层窗幔进行计算。

178厘米RFW + 30厘米RT和OL（前后距和重叠量）= 208厘米FW（成品宽度）。

208 × 2.5 = 520厘米(总宽度)。

520 ÷ 137（所用布料宽度）=3.79。进位后为一个整数，因为布店不出售非整幅的布料。

计算长度。213厘米FL + 40厘米HH（帘头和镶边留量）= 253厘米CL（裁剪长度）。

4（所需要的布幅数）× 253厘米（CL）得到总数为1012厘米。

1012 ÷ 91.44 = 11.1（所需的总尺寸）。

总尺寸都必须进为整数，在这里就是12。对工作室来说制作时布料有一些富余总是好的。

下文所示的计算，可参见本页。

各种窗帘规格

1. 捏褶窗幔规格

这种非常传统的窗幔顶部有一排窄的"捏起"的褶皱。也叫做"法式"褶，这种窗幔要求较大的堆叠空间，由于面料的顶部都是捏褶，使得底部的宽松位更大。

尺寸（包括捏褶、高脚酒杯褶，弹药筒状，钟状、欧式与扇形褶）

步骤1：

（RFW(杆面宽度) ＋30厘米RT和OL（前后距和重叠量））× 2.5（或3.0）÷布料宽度＝需要的布幅数（进为整数）

很轻的面料，如丝绸来说，建议用三倍宽松位。

步骤2a：

（FL（成品长度）＋40厘米HH（帘头和镶边））× 需要的布幅数 ÷91.44＝无重复图案的尺寸（进为整数）

或者

步骤2b：

（FL（成品长度）＋46厘米HH（帘头和镶边））÷重复图案长度＝重复图案数（进为整数）

步骤2c：

重复图案数 × 重复图案长度＝CL（裁剪长度）

步骤2d：

布幅数 × CL（裁剪长度）÷ 91.44＝有重复图案的尺寸（进为整数）

需要考虑的因素

• 备用的衬里颜色

• 对开帘还是单开帘

• 使用何种窗帘杆

• 需不需要系带

特别说明

(1) 建议核实所有标准长度窗幔的尺寸。

(2) 计算术语详见81页。

2. 抽褶（蜂窝褶）帘与笔形褶帘规格

这种非常引人注目的帘头展示了横陈于窗帘上或成褶裥状垂下而充满了女性魅力的整齐褶裥。

尺寸（包括铅笔褶、蜂窝风琴褶和抽褶翻边）

步骤1：

（RFW（杆面宽度）＋15厘米RT（前后距））× 2.5或3.0 ÷ 布料宽度＝需要的布幅数（进为整数）

对非常轻盈的面料如丝绸和透明薄纱，建议用三倍宽松位。

步骤2a：

（FL（成品长度）＋46厘米HH（帘头和镶边））× 需要的布幅数 ÷ 91.44＝无重复图案的尺寸（进为整数）

或者

步骤2b：

（FL（成品长度）＋46厘米HH）÷ 重复图案＝所需的重复图案数（进为整数）

步骤2c：

所需重复图案数 × 重复图案长度＝裁剪长度

步骤2d：

布幅数 × CL（裁剪长度）÷ 91.44＝有重复图案的尺寸（进为整数）

需要考虑的因素

· 备用的衬里颜色

· 需不需要系带

· 对开帘还是单开帘

特别说明

(1) 建议核实所有标准长度帘布的尺寸。

(2) 帘头的性质决定蜂窝褶窗饰应该保持固定。

(3) 计算术语详见81页。

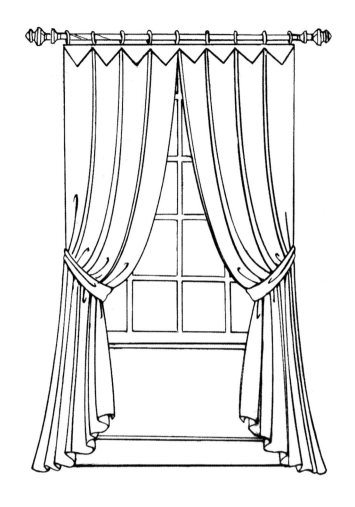

3. 高脚杯形褶帘与箱形褶帘规格

虽然高脚杯褶帘能来回拉动，但并不建议这样，因为如此一来可能会失去高脚杯独特的外形。平整利落像箱子角一样的褶裥是箱形褶帘和反转箱形褶帘的特征，剪裁较为考究。

尺寸（包括箱形褶帘、反转箱形褶帘和高脚杯褶帘）

步骤1：

（RFW（杆面宽度）＋30厘米RT和OL（前后距和重叠量））×2.5或3.0÷布料宽度＝需要的布幅数（进为整数）。

如果使用滑轮杆，用2.5倍宽松位。

步骤2a：

FL（成品长度）＋46厘米HH（帘头和镶边）× 需要的布幅数÷91.44＝无重复图案的尺寸（进为整数）

或者

步骤2b：

（FL（成品长度）＋46厘米HH）÷重复图案＝所需的重复图案数（进为整数）

步骤2c：

重复图案数 × 重复图案长度＝CL（裁剪长度）

步骤2d：

布幅数 × CL（裁剪长度）÷91.44＝有重复图案的尺寸（进为整数）

需要考虑的因素

· 备用的衬里颜色

· 对开帘还是单开帘

· 如有窗帘杆，用哪一种？这种窗饰也可以装在板上

· 需不需要系带

特别说明

(1) 建议核实所有标准长度帘布的尺寸。

(2) 若使用滑轮杆，将宽松位减少到2.5倍。

(3) 计算术语详见81页。

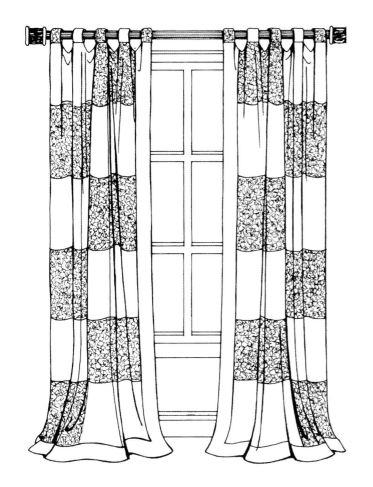

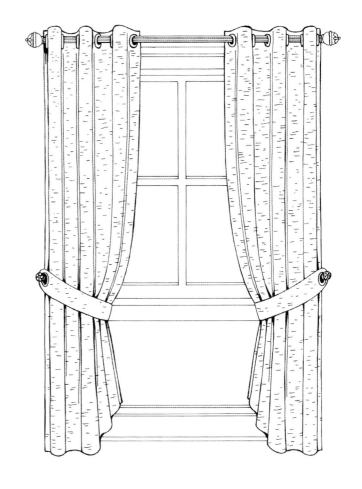

4. 吊带与扣眼窗幔规格

这种简单的式样流行了多年，因其可选的装饰多样，也体现出了窗帘杆的美观。

尺寸（包括吊带、缩褶吊带、褶裥吊带和打结吊带）

步骤1：

（RFW（杆面宽度）＋15厘米RT（前后距））×2÷布料宽度＝需要的布幅数（进为整数）

对于非常轻盈的面料，如丝绸和透明薄纱，建议用2.5倍宽松位

步骤2a：

FL（成品长度）＋50厘米HH（帘头和镶边）× 需要的布幅数 ÷ 91.44＝无重复图案的尺寸（进为整数）

或者

步骤2b：

（FL（成品长度）＋50厘米HH）÷ 重复图案＝所需的重复图案数（进为整数）

步骤2c：

重复图案数 × 重复图案长度＝CL（裁剪长度）

步骤2d：

布幅数 × CL（裁剪长度）÷91.44＝有重复图案的尺寸（进为整数）

需要考虑的因素

· 备用的衬里颜色

· 使用何种窗帘杆

· 对开帘还是单开帘

特别说明

(1) 尺寸计算包括吊带。

(2) 这种窗饰只需2倍宽松位即可获得合适的效果。

(3) 计算术语详见81页。

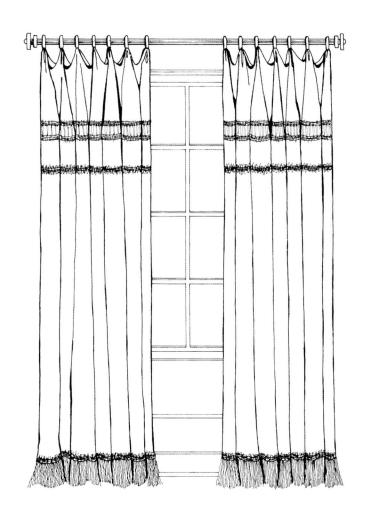

5. 无裥帘或雅典娜式窗幔规格

这种窗饰用简朴的无裥帘布做成，用间距很大的吊环或夹子装在窗帘杆上，在帘头处营造出一种类似于花彩的效果。这种窗饰通常曳地。

尺寸（包括雅典娜式、无裥帘布）

步骤1：

（RFW（杆面宽度）＋30厘米RT（前后距））×2或2.5÷布料宽度＝需要的布幅数（进为整数）。

对于非常轻盈的面料，如丝绸和透明薄纱，建议用2.5倍宽松位。

步骤2a：

（FL（成品长度）＋40厘米HH（帘头和镶边））×需要的布幅数÷91.44＝无重复图案的尺寸（进为整数）

或者

步骤2b：

（FL＋40厘米HH）÷重复图案＝所需的重复图案数（进为整数）

步骤2c：

重复图案数×重复图案长度＝CL（裁剪长度）

步骤2d：

布幅数×CL（裁剪长度）÷91.44＝有重复图案的尺寸（进为整数）

需要考虑的因素

·备用的衬里颜色

·使用哪种窗帘杆，哪种吊环和哪种夹子

·对开帘还是单开帘

特别说明

(1) 15厘米的堆地长度已在尺寸中留出。如果需要更多，在长度＋留量的计算式中加上。

(2) 建议使用柔软有垂性的面料。

(3) 每块布料为镶边留出1/4码。

(4) 衬里或对比里衬的尺寸与窗幔相同。

(5) 计算术语详见81页。

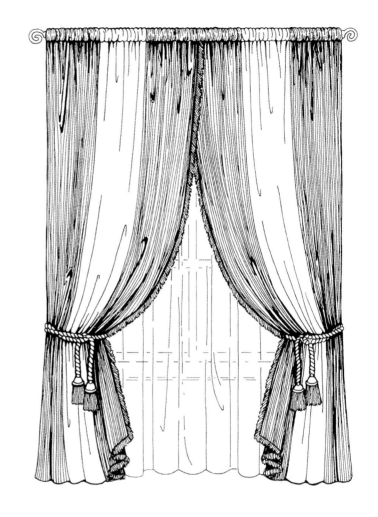

6. 穿杆窗幔规格

这种窗饰是将窗帘杆穿过其袋状的顶部而将它挂起。窗帘杆上方可以装饰大皱边，根据所使用的布料量，还可以制造出抽褶效果。

尺寸（包括穿杆、双穿杆、带竖直装饰的穿杆或带束带圈的穿杆）

步骤1：

（RFW（杆面宽度）＋15厘米RT（前后距，如有使用））× 2.5或3.0 ÷ 布料宽度＝需要的布幅数（进为整数）

对于非常轻盈的面料，如丝绸和透明薄纱，建议用3倍宽松位。

步骤2a：

（FL（成品长度）＋40厘米HH（帘头和镶边））× 需要的布幅数 ÷ 91.44 ＝ 无重复图案的尺寸（进为整数）

或者

步骤2b：

（FL＋40厘米HH）÷重复图案 ＝ 所需的重复图案数（进为整数）

步骤2c：

重复图案数 × 重复图案长度＝CL（裁剪长度）

步骤2d：

布幅数 × CL（裁剪长度）÷ 91.44 ＝ 有重复图案的尺寸（进为整数）

需要考虑的因素

· 备用的衬里颜色

· 对开帘或单开帘

· 使用何种窗帘杆和吊带

· 窗饰顶部是否需要大皱边或小绉边褶

特别说明

(1) 这是一种固定的窗饰，虽然用力也可以拉动，但是建议不这样做。

(2) 衬帘装在天花板上时，无法使用这种窗饰。

(3) 计算术语详见81页。

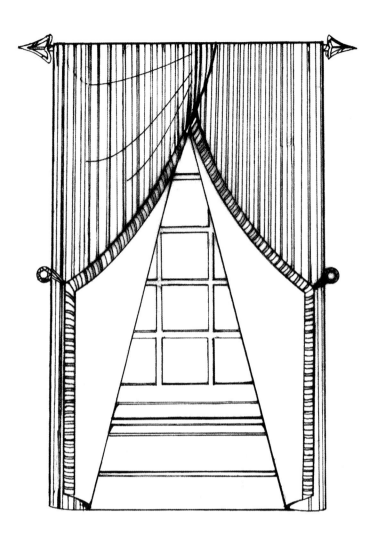

7. 燕尾服式窗幔规格

燕尾服窗幔相比帘头更多地指的是窗饰的中间部分，因为它最新颖的外观是它翻起露出对比衬里的样子。

尺寸（包括燕尾服式、帐篷折叠式和固定无裥帘布）

步骤1:

（RFW（杆面宽度）＋25厘米RT与OL（前后距与重叠量，如有使用））÷布料宽度＝需要的布幅数（进为整数）

步骤2a:

（FL（成品长度）＋30厘米HH（帘头和镶边）） × 需要的布幅数 ÷ 91.44 ＝ 无重复图案的尺寸（进为整数）

或者

步骤2b:

（FL＋30厘米HH）÷重复图案＝所需的重复图案数（进为整数）

步骤2c:

重复图案数 × 重复图案长度＝CL（裁剪长度）

步骤2d:

布幅数 × CL（裁剪长度）÷91.44＝有重复图案的尺寸（进为整数）

步骤3:

衬里用相同公式计算。

步骤4:

为系带留出1/2码；大窗框的系带留出1码。

需要考虑的因素

· 备用的衬里颜色

· 使用何种窗帘杆

· 对开帘还是单开帘

特别说明

(1) 前后距不宜过大。

(2) 燕尾服式窗幔限制了进入房间的光亮。

(3) 建议不使用在比例上宽度大于高度的窗子。

(4) 计算术语详见81页。

(5) 对于缩皱穿杆式燕尾服式窗幔（见上图）请使用89页上的计算公式。

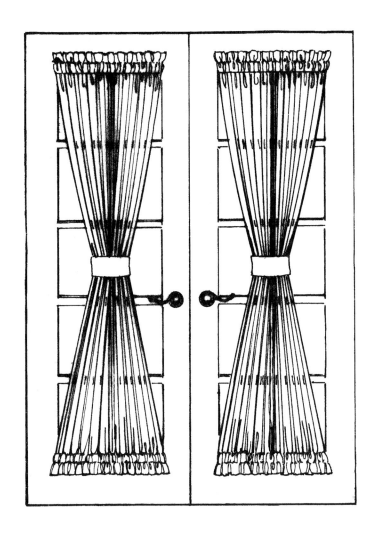
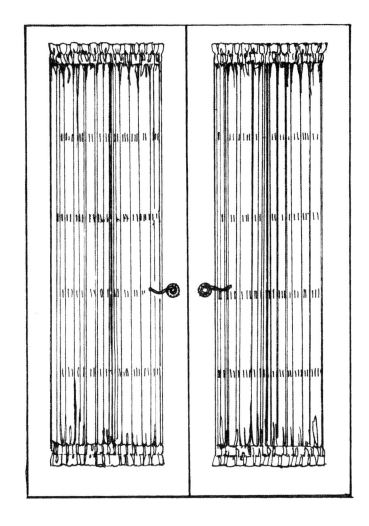

8. 双杆窗幔规格

这种窗幔的帘布在上下两根窗帘杆之间拉开，营造出整个窗幔的抽褶效果。如果需要私密感或用于较窄的窗子，这是一种出色的窗饰。在中间加上系带营造出装饰性的沙漏形状。

尺寸

步骤1：

所覆盖的区域的宽度 × 2.5 ÷ 布料宽度 = 布幅数

步骤2a：

布幅数 × （覆盖区域长度 + 40厘米） ÷ 91.44 = 无重复图案的尺寸

或者

步骤2b：

（长度 + 40厘米） ÷ 重复图案长度 = 所需的重复图案数（进为最接近的整数）

步骤2c：

所需的重复图案数 × 重复图案长度 = 裁剪长度

步骤2b：

布幅数 × 裁剪长度 ÷ 91.44 = 有重复图案的尺寸

需要考虑的因素

· 宽度

· 长度

· 衬里颜色

· 所用窗帘杆尺寸

· 内侧或外侧安装

· 上下窗帘杆上的小绉边褶尺寸

特别说明

(1) 固定窗饰。

(2) 建议不使用超过122厘米的窗子。

(3) 建议用褶边将窗饰的五金件隐蔽起来。

(4) 计算术语详见81页。

门窗类型

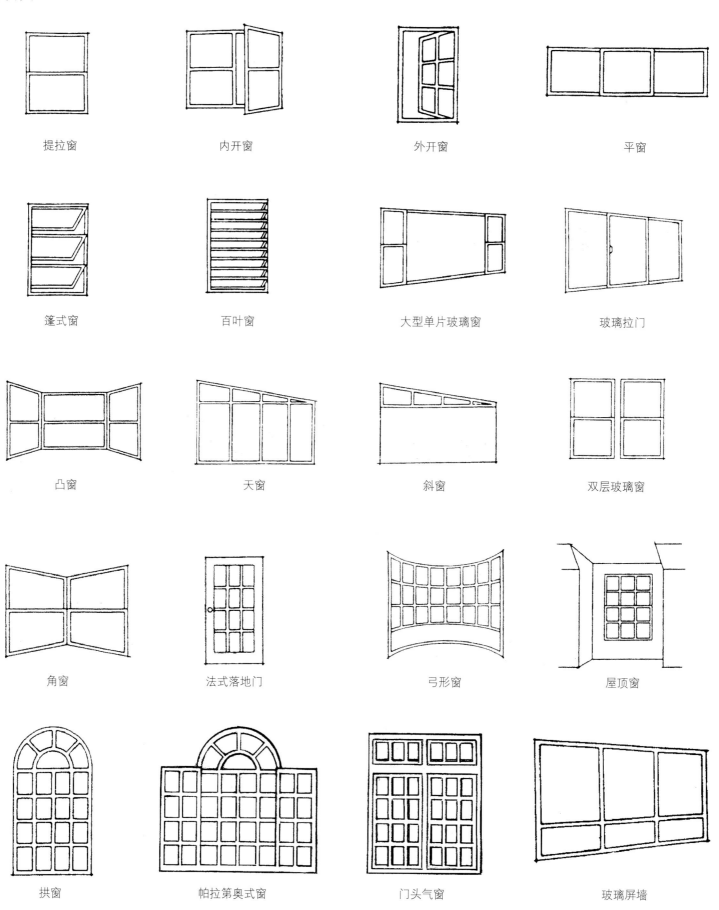

提拉窗	内开窗	外开窗	平窗
篷式窗	百叶窗	大型单片玻璃窗	玻璃拉门
凸窗	天窗	斜窗	双层玻璃窗
角窗	法式落地门	弓形窗	屋顶窗
拱窗	帕拉第奥式窗	门头气窗	玻璃屏墙

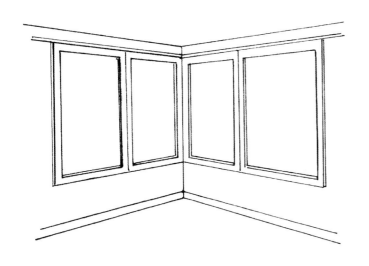

滑动角窗，顶部有结构梁（下附两种解决方案）　　　带小窗的门（下附两种解决方案）

①

①

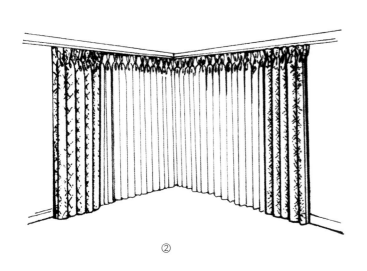

②

②

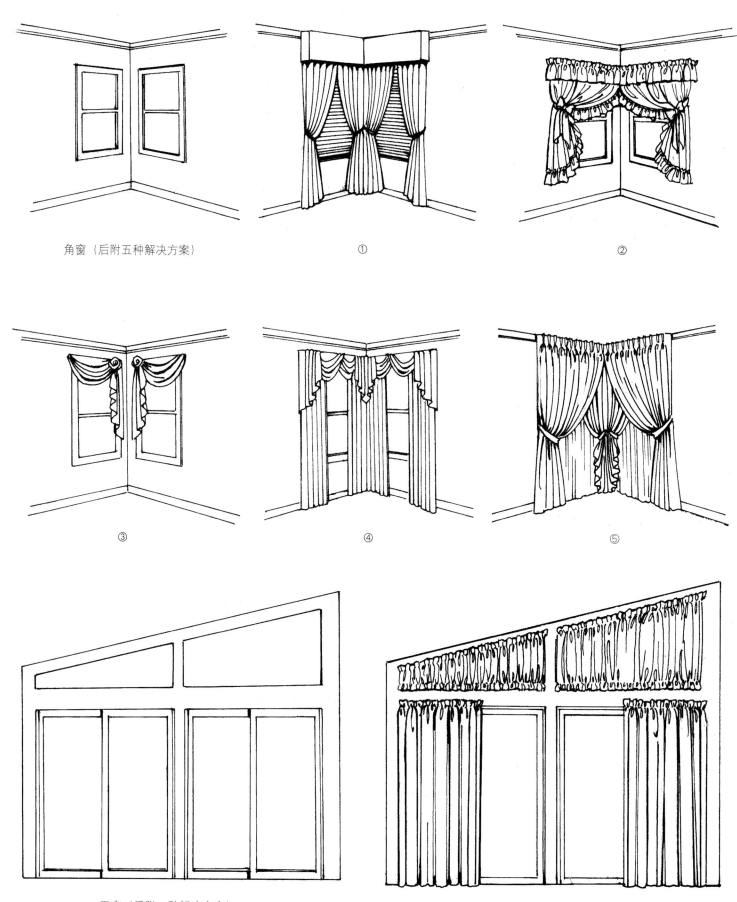

角窗（后附五种解决方案）

①

②

③

④

⑤

天窗（后附一种解决方案）

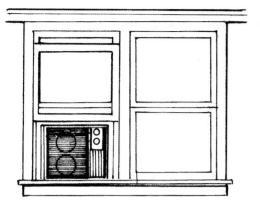

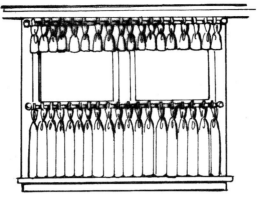
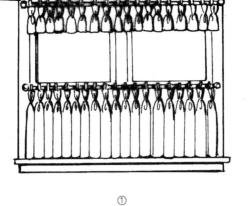

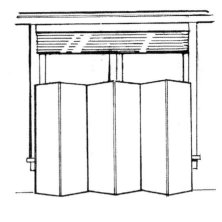

装有空调的提拉窗（后附两种解决方案）　　　　　　　　　①　　　　　　　　　　　②

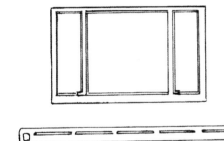

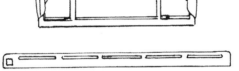

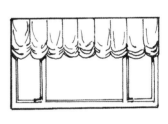

带有墙式烘炉的大型单片玻璃窗（后附两种解决方案）　　　　　①　　　　　　　　　　②

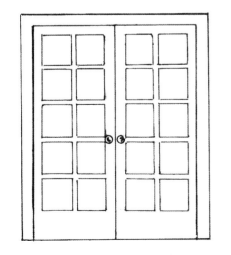

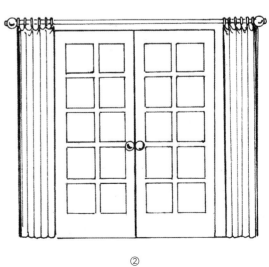

法式落地双扇玻璃门（后附两种解决方案）　　　　　　　　①　　　　　　　　　　②

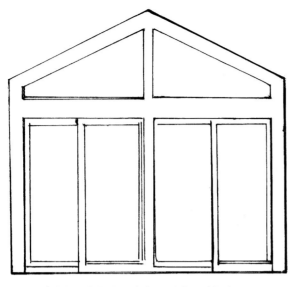

玻璃拉门和教堂式尖窗（后附五种解决方案）

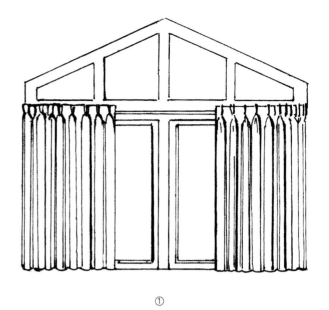

①

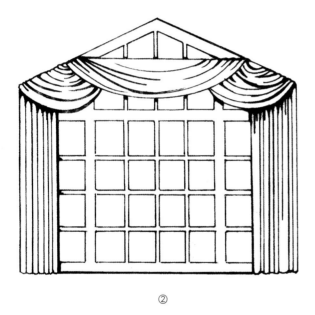

②

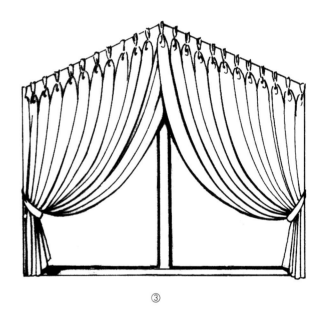

③

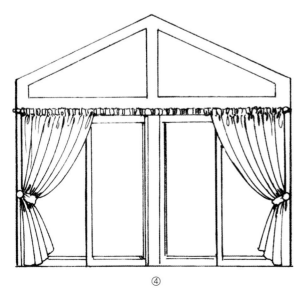

④

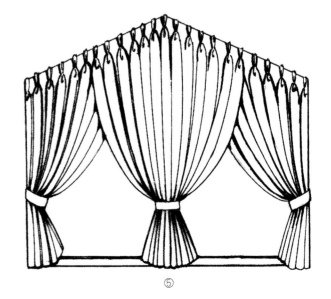

⑤

拱顶窗（下附四种解决方案）

三联式提拉窗（下附两种解决方案）

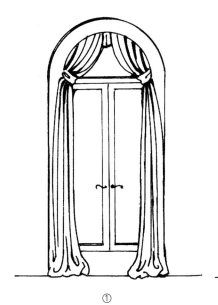

①

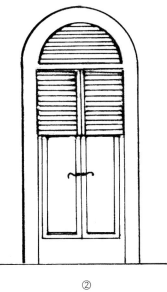

②

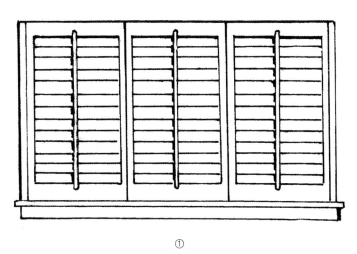

①

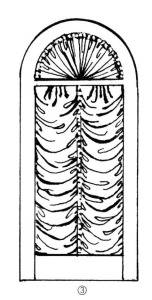

③

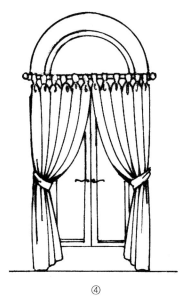

④

②

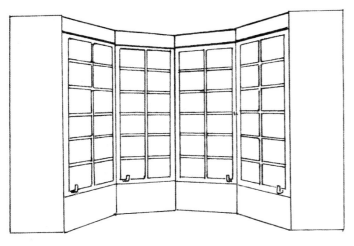

竖铰链凸窗（后附三种解决方案）

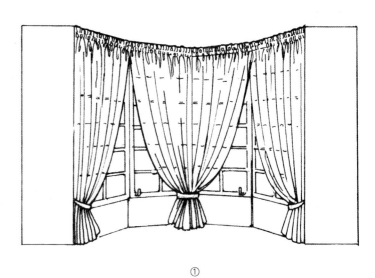

①

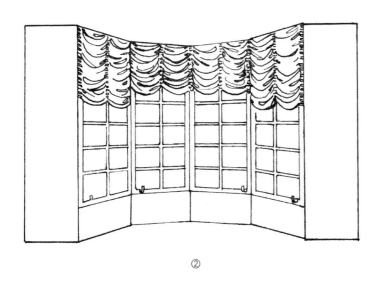

②

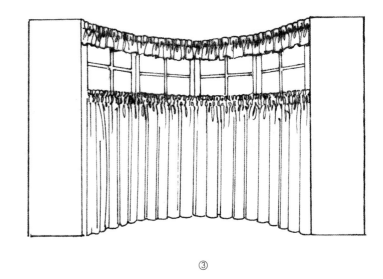

③

提拉式凸窗（后附三种解决方案）

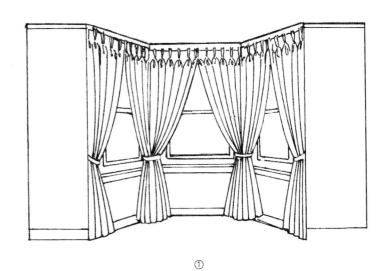

①

②

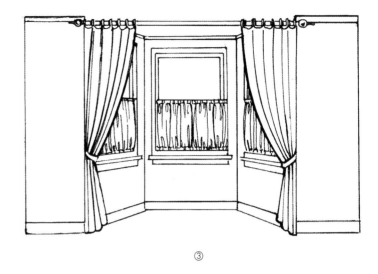

③

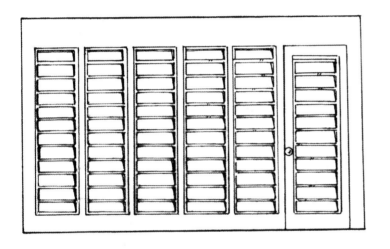

百叶窗与门（后附三种解决方案）

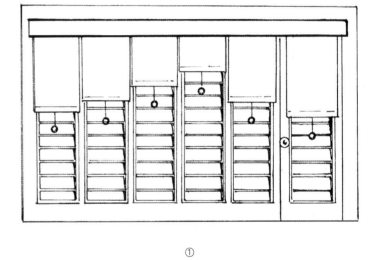

①

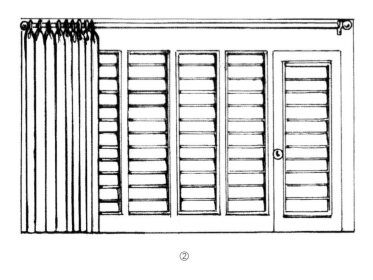

②

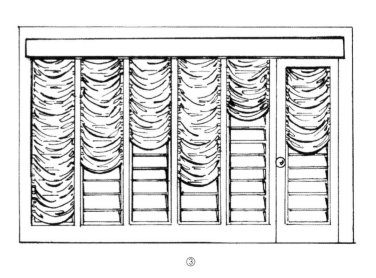

③

底边和装饰

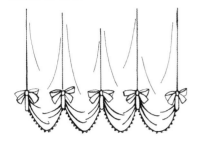

带布结的歌剧院式底边

布带镶边

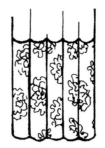

宽布带镶边

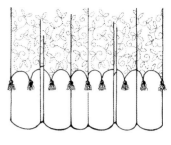

流苏镶边

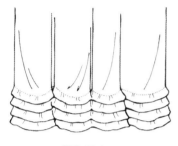

褶裥翻边

短流苏镶边

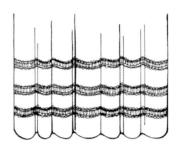

三重流苏边

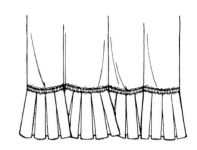

箱形褶底边

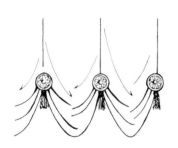

带玫瑰花饰和流苏的开口底边

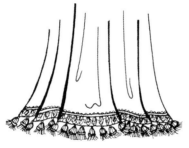

流苏缘饰

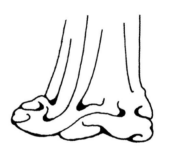

曳地底边

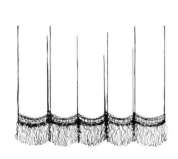

丝编金丝花边

珠饰丝编金丝边

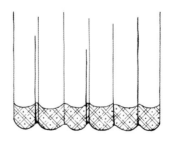

布带镶边

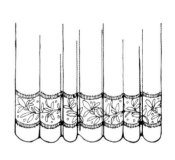

布带高镶边

流苏镶边花式

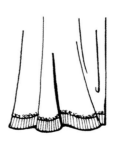

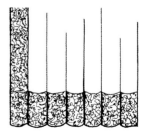

镶边花式

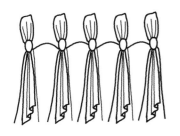

带加长布垂饰的纽扣吊带帘头

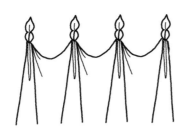

打结吊带帘头

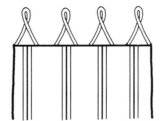

无裥窗幔上的环圈带帘头

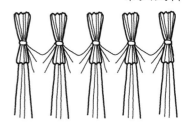

沙漏形缩褶帘头

每个五金配件上分别都
有装饰蝴蝶结的吊带帘布

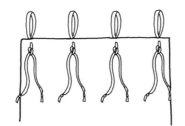

有纽洞的细长环形吊带帘布

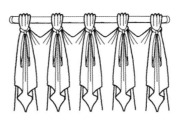

从帘杆处翻折过来
形成吊带垂饰的帘头

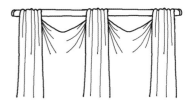

带褶状下垂的瀑布式缩褶吊带帘头

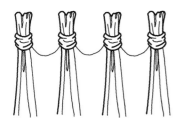

外套对比面料的缩褶吊带帘头

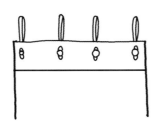

环形吊带帘头

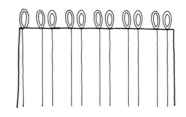

环形吊带帘头

吊带帘头的一种

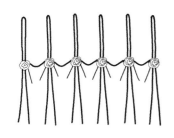

带玫瑰花饰的加长环吊带帘布

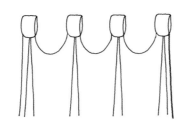

吊带帘头的一种

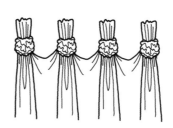

缩褶吊带帘头

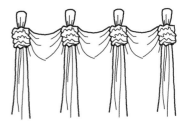

帘布上带褶状下垂褶饰的吊带帘头

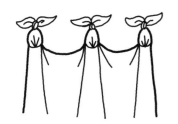

布结帘头

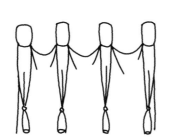

吊带帘头的一种

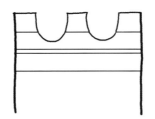

吊带帘头的一种

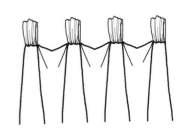

三重缩褶吊带帘头

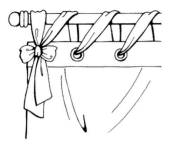
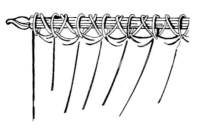
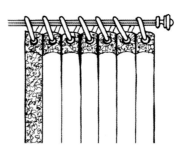
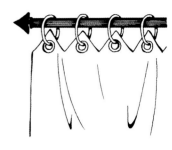

顶部有装饰结的金属扣眼帘头　　顶部有交叉细绳的帘头　　顶部有细绳的金属扣眼帘头　　顶部有吊环的金属扣眼帘头

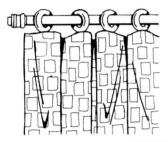
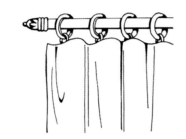
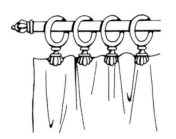
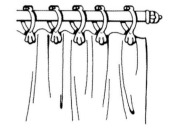

顶部吊环帘头样式　　　　　　　　　　　　　　　　　　　顶部吊环帘头样式

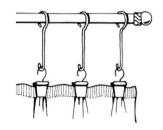
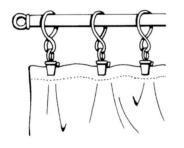
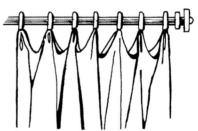

顶部吊环样式　　　带夹子的顶部吊环帘头样式　　　　　　顶部吊环帘头样式

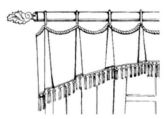
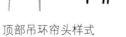

顶部吊环帘头样式　　　　　　　　　　　　　　　顶部吊环帘头样式

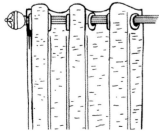

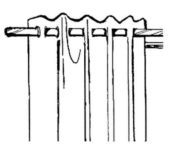
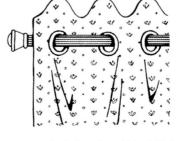
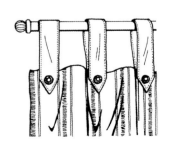

传统的顶部有金属扣眼的帘头样式　　　顶部有金属扣眼的帘头样式　　　　吊带帘头

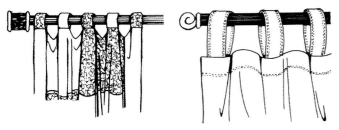
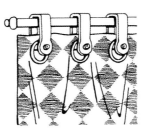
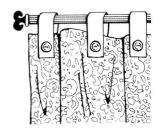

吊带帘头样式 　　　　特殊五金配件金属扣眼帘头 　　　　吊带帘头

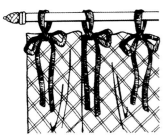
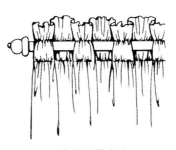
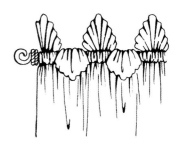

吊带帘头样式 　　　　穿杆吊带帘头 　　　　带竖起的扇形装饰的穿杆帘头

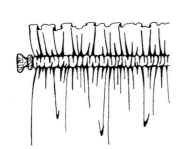

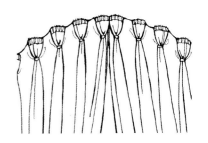

顶部带有褶边的穿杆帘头样式 　　　　高脚酒杯褶帘头 　　　　拱顶窗上的高脚酒杯褶帘头

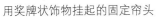

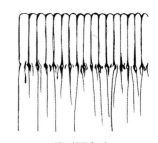

用奖牌状饰物挂起的固定帘头 　　固定五金饰件上有蝴蝶结的帘头 　　蜂窝褶带帘头 　　笔形褶帘头

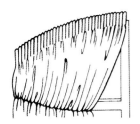

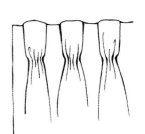

笔形褶拱顶窗幔帘头 　　　　女罩衣式帘头 　　　　蝴蝶形褶窗幔 　　　　弹药筒状小缩褶帘头

玫瑰花饰和装饰结

折叠螺旋花结

水仙花饰

花瓣花饰

风琴褶扇形花饰

束状扇形花饰

孔雀尾花饰

绣球花结

抽褶螺旋花饰

双层绣球花结

结状花饰

抽褶膨花饰

扭结花饰

起褶玫瑰花饰

双层起褶玫瑰花饰

抽褶玫瑰花饰

马耳他十字花结

填充式马耳他十字花结

马耳他十字玫瑰花饰

尖瓣玫瑰花饰

风琴褶蝴蝶结

多层缎带蝴蝶结

方形褶边花饰

甜甜圈形褶边花饰

蝴蝶领结形花饰

直缎带蝴蝶结

吊缎带蝴蝶结

抽褶蝴蝶结

三联式花瓣蝴蝶结

玫瑰花饰蝴蝶结

细缎带蝴蝶结

双马耳他十字花结

三叶草结

尖形三叶草结

火焰形三叶草结

尖头十字花饰

尖瓣十字花饰

缎带蝴蝶线结

打结装饰结

单尖装饰结

双片截尾装饰结

双夹角装饰结

尖头装饰结

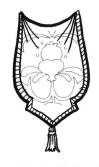

带吊穗的三角形穿杆旗饰　带装饰结和吊穗的三角旗饰　带吊穗的定制形状镶边旗饰　带挂钩和吊穗的三角旗饰　带吊环和吊穗的三角旗饰

带荷叶边的三角形穿杆旗饰　带挂钩和穗边的方旗饰　带挂钩和吊穗流苏边的山形旗饰　带挂钩的喇叭形旗饰　垂旗饰

带挂钩和饰边的山形旗饰　带装饰结和流苏边的定制形状旗饰　带吊环和贴花的定制形状旗饰　流苏贝壳边方旗饰　贝壳边定制形状穿杆旗饰

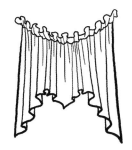

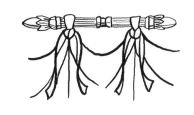

带刀刃形镶边的奥地利式旗饰　带吊穗和装饰绳的不对称旗饰　拱形缩褶旗饰　带垂饰和镶边的山形吊带旗饰　专门设计的木杆上带装饰结的吊带帘头

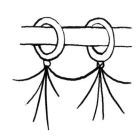

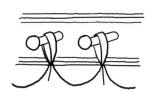

带装饰结的吊顶帘布　缝有吊环的无裥帘布　挂在奖牌饰物上的吊带帘头　用墙上的木钉固定的吊带帘头　带吊穗的天花板挂钩

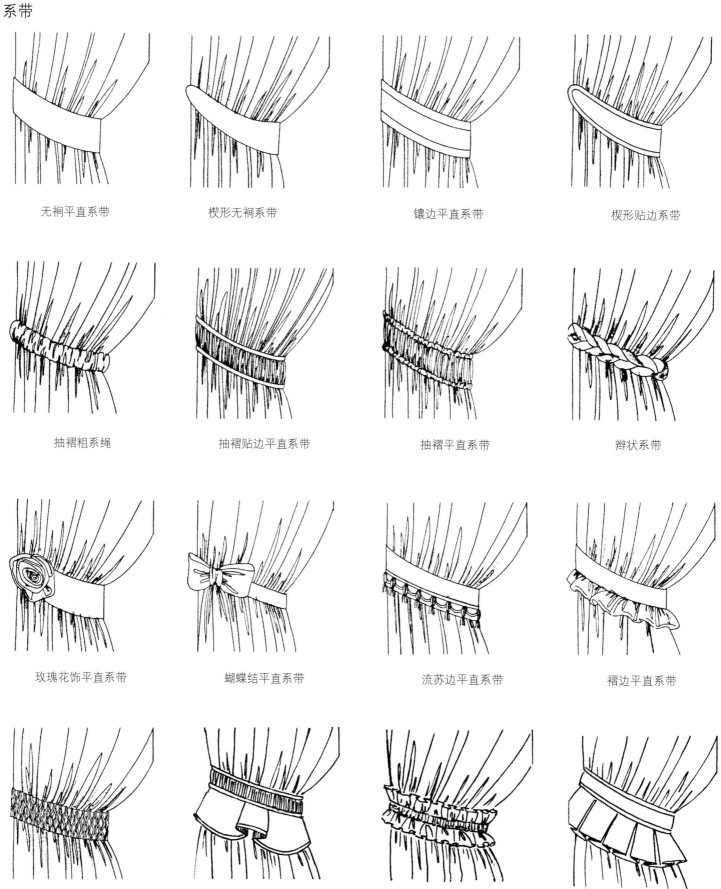

无裥平直系带

楔形无裥系带

镶边平直系带

楔形贴边系带

抽褶粗系绳

抽褶贴边平直系带

抽褶平直系带

辫状系带

玫瑰花饰平直系带

蝴蝶结平直系带

流苏边平直系带

褶边平直系带

新型抽褶系带

褶裥抽褶系带

双褶边系带

箱形褶贴边系带

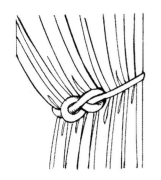

装饰绳结系带

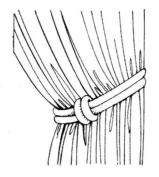

双股绑圈系带

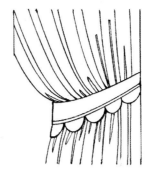

贴边贝壳边系带

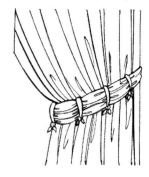

带装饰结的褶系带

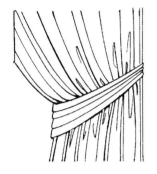

楔形褶裥系带

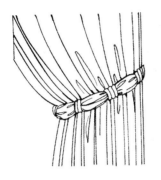

带绑圈的褶系带

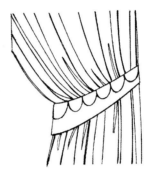

楔形贝壳边系带

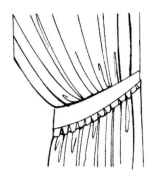

箱形褶边楔形系带

系带是一种将窗幔和窗帘系在窗帘框边的窗饰物。不同的式样可以彰显出个人的独特风格。

尺寸（1码=91.44厘米）

标准系带——1/2码

标准带滚边系带——1/2码 + 1/2码滚边

标准带镶边系带——1/2码 + 1/2码镶边

标准带蝴蝶结系带——1/2码 + 1码蝴蝶结

贴合轮廓系带——3/4码

褶饰系带——1码

大皱边系带——1码 + 1½码皱边

饰带系带——2码

编结系带——每股1/2码（3股）

箍粘扣带的系带——1/2码

需要考虑的因素

· 式样

· 面料（如果使用有对比感的）

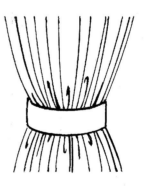

中间系带

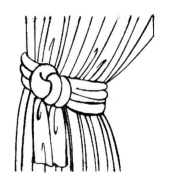

缩褶打结系带

镶边和系带式样

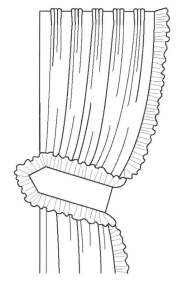

褶饰镶边

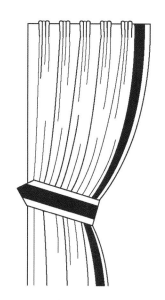

前沿反镶边

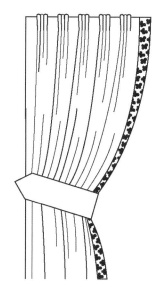

前沿镶边

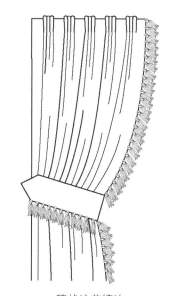

穗状流苏镶边

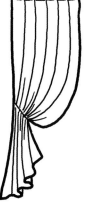

不同的系带式样

有很多装饰方法可以增加窗饰的个性。褶饰为房间的外观增添魅力与浪漫感。可以用来为窗幔、系带、垫子或盖被营造乡村风格。

镶边给窗饰添加戏剧性的对比效果。镶边宽度为5厘米以上效果更好。

逆向衬里是缝在内衬上的一种装饰镶边，然后向外翻折，露出反面，在适当的地方用系带系住。

窗饰上的装饰性流苏和穗带是过去几个世代留下的优雅的回音。

尺寸（1码=91.44厘米）

大皱边——每61厘米皱边 1/4码

内嵌镶边——长度 + 镶边留量

反转衬里——长度 + 镶边留量

流苏和穗带——长度 + 额外的10%

需要考虑的因素

· 窗饰

· 面料

1. 圆形桌布

褶边上层和穗状流苏下摆

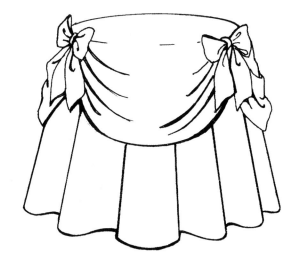

带蝴蝶结的圆形上层

简朴的圆形桌布，有无衬里均可

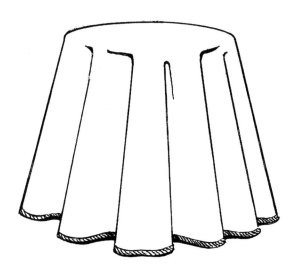

简朴的贴边圆形桌布

方形蕾丝上层

奥地利抽褶圆桌布

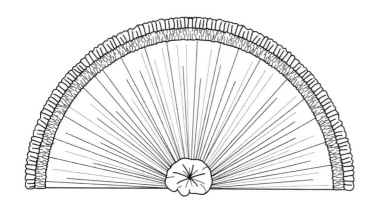

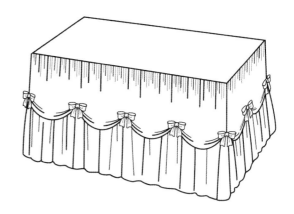

2. 旭日形装饰和梳妆台

旭日形装饰

旭日形装饰能够突出拱形窗。它的缩褶柔软地向中间集中，通常以透明薄织物或蕾丝制成，使阳光透过窗子（而不是被阻挡），也可加上玫瑰花饰。

尺寸（1码=91.44厘米）
- 300厘米透明薄纱或蕾丝：1½码
- 122厘米蕾丝：3½码
- 直径达122厘米的窗子

需要考虑的因素
- 指定面料
- 指定是否需要玫瑰花饰
- 应提供窗子的样板

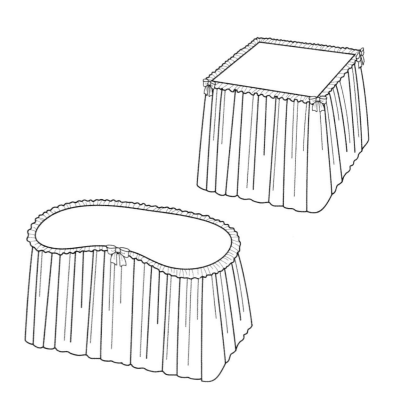

梳妆台台布和化妆椅座套

梳妆台和化妆椅是最女性化的卧室中一个浪漫的设计细节。单独的梳妆台有两种缩褶风格的台布：气球形和褶边。有坐垫的化妆椅和任意一种都很配套。

尺寸（1码=91.44厘米）
气球式样
- 顶部和气球垂边：7码
- 内衬垂边：5码
- 蝴蝶结：2码

褶裥式样
- 垂边：10码
- 对比蝴蝶结：1/2码

化妆椅
- 垂边：3½码
- 蝴蝶结：1/2码（两个）

需要考虑的因素
- 桌子式样
- 面料细节

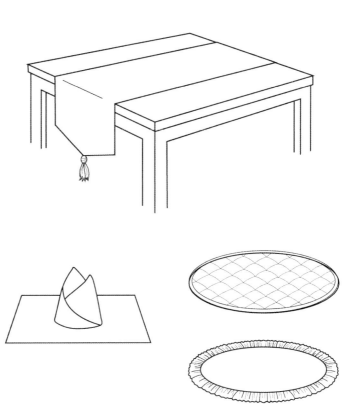

3. 餐桌用布

桌布和短桌布

装饰性的桌布和短桌布可以与任何室内装潢相配。桌布的底部有滚边，可能还是大滚边，加上褶饰或大皱边。短桌布基本上是奥地利式或箱形褶方形桌巾。

尺寸：见下表

圆桌布：	直径达188厘米	直径达229厘米
标准滚边	4¾码	6码
特大滚边	加1½码	加1½码
褶饰边	加2½码	加3 码
大皱边	加4码	加5码
方形桌巾		
短桌布（127厘米）	1½码	1½码
奥地利式短桌布	2¾码	3½码
褶裥短桌布	2¾码	3½码

（1码=91.44厘米）

需要考虑的因素

•桌子直径

•垂到地板的长度

•桌布或短桌布式样

•面料细节

餐巾、餐垫和长条饰布

绗缝餐垫可以按照个人的喜好的配色方案定制，并且可能会有滚边或约2.5厘米的大皱边。配套的边长为45厘米的方形餐巾有双层缝边。长条饰布增加了装饰美感，使上乘木质或玻璃餐桌呈现出最大的优势。

尺寸（1码=91.44厘米）

餐垫：

•印花布：46~69厘米重复图案；每块餐垫包含一个图案

•素色或小印花：每块餐垫1/2码

•如果是大皱边，每块餐垫增加1/4码

餐巾

•印花布：46~69厘米重复图案

•1½码＝4块餐巾

•素色或小印花：1¼码＝4块餐巾

长条饰布

•（桌长＋61厘米）÷91.44＝尺寸

需要考虑的因素

•面料细节

•尺寸

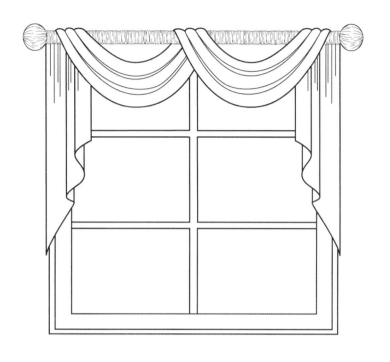

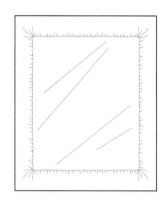

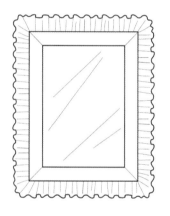

4. 装饰杆和布艺框镜

装饰镜

定制装潢的最后一步是全装饰镜。布料可做成褶饰镜框，或拉平配上滚边或大皱边装在镜子边缘。

尺寸（1码=91.44厘米）
褶饰———2码
无褶———1¼码
滚边———加1/2码
大皱边———加1¼码

需要考虑的因素
· 镜子式样
· 镜子尺寸
· 面料细节

装饰杆

对于真正的定制窗饰，包布木杆和顶饰增添了装饰的魅力。从帘杆上随意地垂下花彩或在咖啡帘的吊环上挂上的垂饰是利用这种窗饰的极好方法。

尺寸（1码=91.44厘米）
窗帘杆与顶端饰留量
· 宽至152厘米：1码
· 宽至274厘米：1½码
· 宽至366厘米：2码

需要考虑的因素：
· 窗帘杆尺寸和直径
· 面料细节

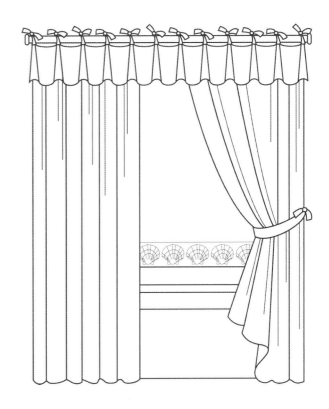

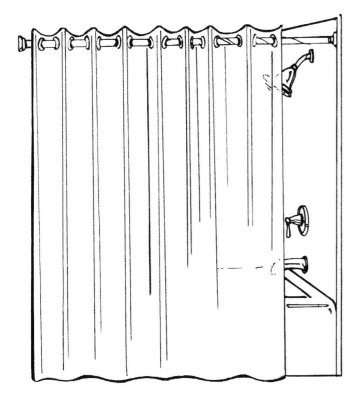

5. 浴帘

从实用到流行再到豪华，浴帘通常能成为浴室的焦点。装在天花板高度上的三角帘能够提供额外的奢华感。装饰系带也增添了优雅色彩。如要更为个性化，将普通帘环换成丝带、金属扣眼或装饰环，能彰显一种别样的品味。

尺寸（1码=91.44厘米）
· 137厘米布料，68厘米重复图案，11码
· 122厘米布料，无重复图案，13码

标准浴帘，183厘米 × 183厘米：
· 单色面料或小印花：5码
· 大印花：5½码

需要考虑的因素
· 面料细节

特别说明
也可以在天花板上安装抽褶或褶裥帘头和系带来模拟浴帘。

短幔

顶部窗饰，如多功能的短幔，给人一种极其随意又十分优雅的奇妙感觉。例如微微飘扬的围巾形短幔：它能同一套优雅的窗幔或稳重的竖向百叶帘很好地搭配。其他的式样也会掌控房间，将公众的注意力吸引到它们身上，所以所有人都能享受到它们独特的美感。从最小的浴室窗子到大型单片玻璃窗，柔软的短幔也许可以解决所有窗子的装饰问题。

扣帘上带玫瑰花饰的穗状
流苏边金斯顿短幔。

无围边金斯顿短幔和固定在两
边的窗幔帘布搭配和谐。

透明薄纱衬帘上，金丝花边帘布在两侧拢起，帝国式短幔和饰物一起装饰着顶部。

带有玫瑰花饰和垂饰的奥地利式拱形宽短幔。底边镶有金丝流苏的侧帘造型简洁，使人们的目光集中于顶部拱形之美。

系起的曳地窗幔上，
软檐板式短幔带着显
眼的贴边和有花球的
垂饰，烘托出拱形的
优雅。

带三角帘、中间垂饰和
玫瑰花饰的拱形奥地利
式宽短幔，装在法式褶
窗幔上。

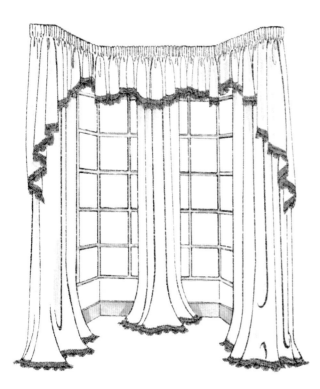

扇形边平展的穿杆短
幅突出了凸窗的形
状，并遮住了用于固
定帘布的五金装置。

双拱形缩褶短幅，带装饰
绳、系绳和配套的饰边，
成就一款简单但却优雅的
窗饰。

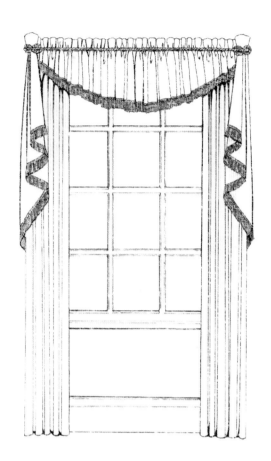

带垂饰的穿杆短幔的褶裥很简单，窗幔的帘布可左右移动。刷状流苏边是一个吸引眼球的绝妙亮点。

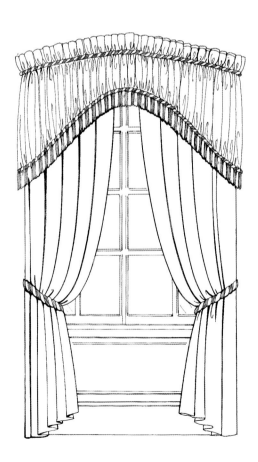

经典的拱形短幔打造出一款乡村风格的舒适窗饰。

通过使用一个无裥短幔
并加上马耳他十字形垂
饰和系带创造出了这款
优雅的窗饰。

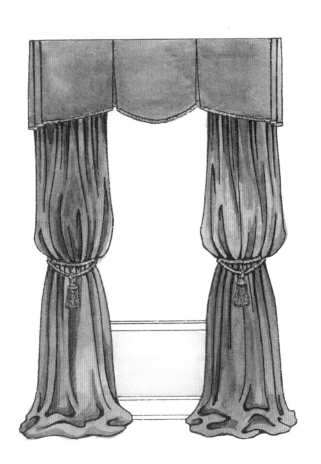

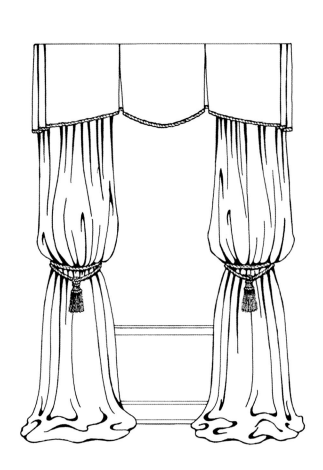

用流苏吊穗突显出的灯
笼袖式帘布，顶上是箱
形褶短幔。

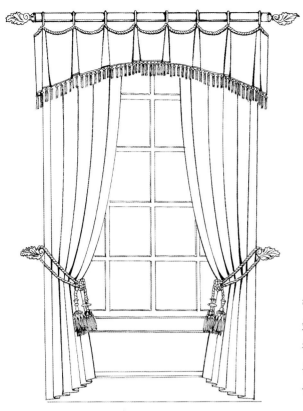
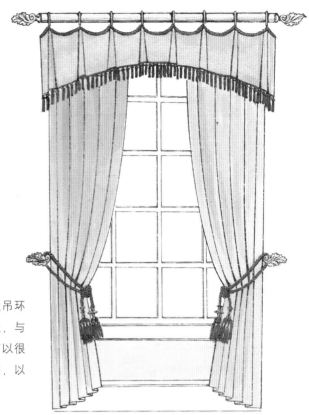

带反转箱形褶的扇形边吊环
短幔，加穗状小流苏边，与
褶裥帘布相配，帘布可以很
容易地从系帘钩上放下，以
保护隐私。

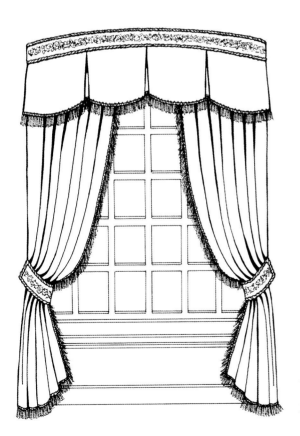

带刷状流苏边的拱形箱形褶
短幔，与褶裥帘布相配。

带玫瑰花饰和垂饰的安妮
女王式短幔。注意配套的
系带和衬里。

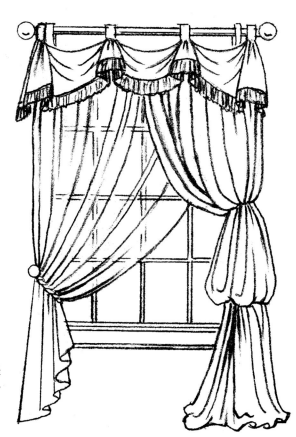

安妮女王式吊带短幔下方是
带系绳的透明薄帘和单侧灯
笼袖式窗幔。

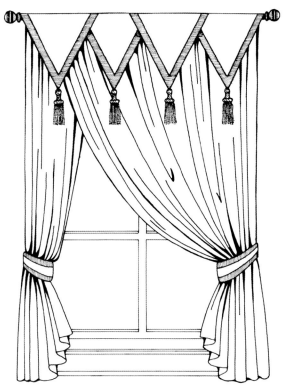

从顶上翻折过来的三角形短幔的超大流苏吊穗平衡了不对称的窗幔帘身。

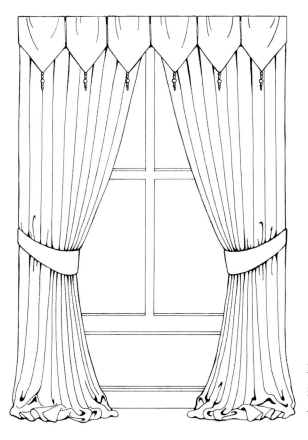
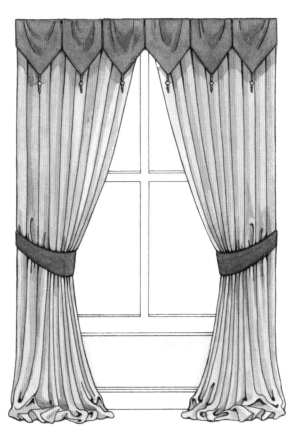

雅致精巧的尖头箱形褶短幔突出了曳地帘布的造型同时也突显了帘布的褶裥。

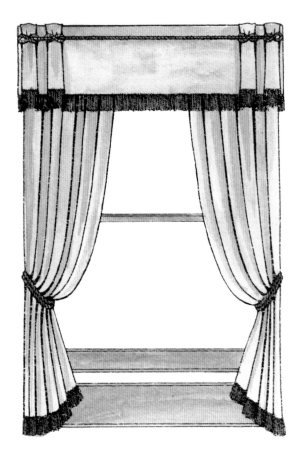
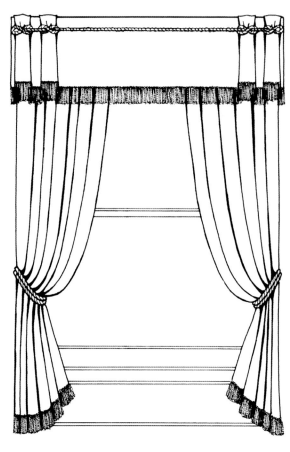

金丝流苏边和系带突出了
两侧有简洁褶裥的软檐板
式短幔。

顶部深高脚杯形褶饰在这
个外凸窗上和两侧的固定
帘布搭配和谐。

这款独特的穿杆短幔是将
纵向缩皱布料穿在装饰木
杆上做成的。两侧的帘布
出色地实现了整体效果。

带纽扣装饰的拼色帘布与反
转箱形褶短幔十分相配。

窗子顶部柔软的手帕形短
幔给人全新的感觉。两侧
配有布系带，给帘布增加
了柔和感。

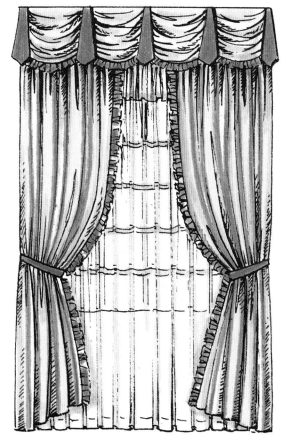

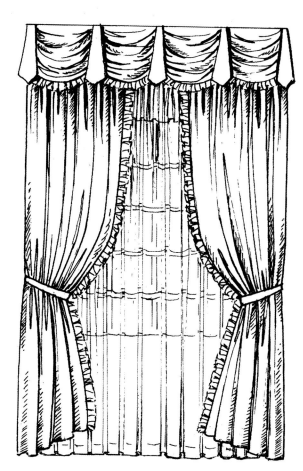

透明薄衬帘配有系起褶裥的窗
幔，窗幔上部是带垂饰和刀刃
状镶边的奥地利式短幔。

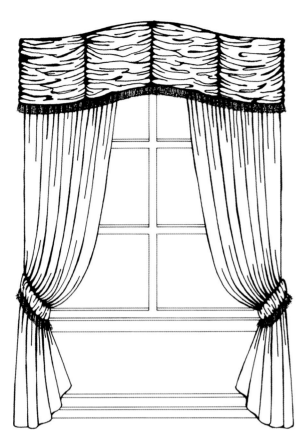

一个带刷状流苏边的奥地利式拱形短幔和有配套系带的固定帘布用在主卧中十分合适。

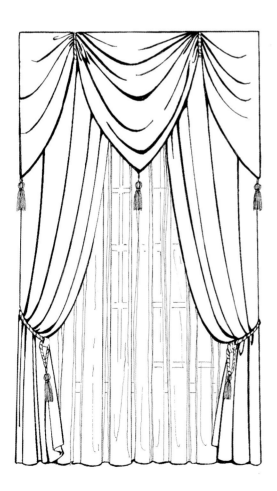
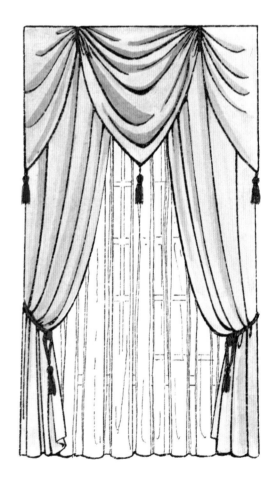

带流苏吊穗的三角巾短幔是这款三层窗饰的最外层，另外两层分别是透明薄衬帘和两侧的宽松帘布。

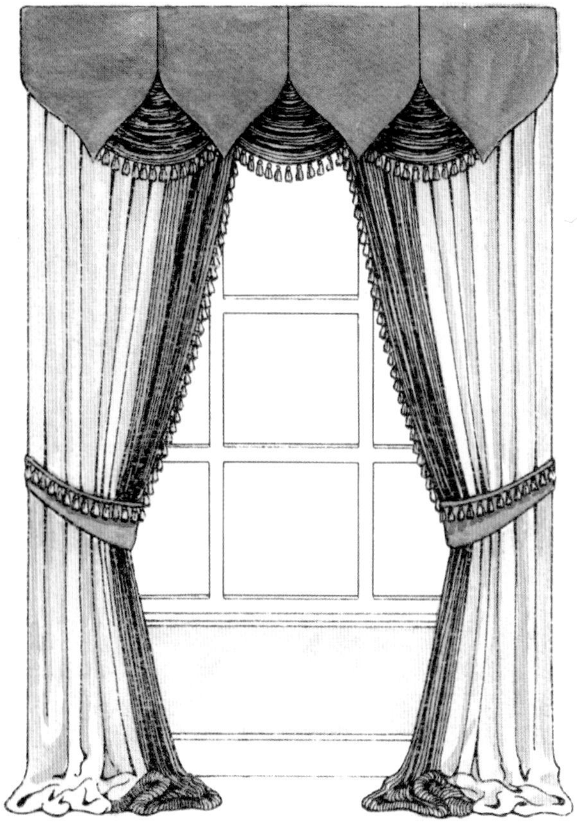

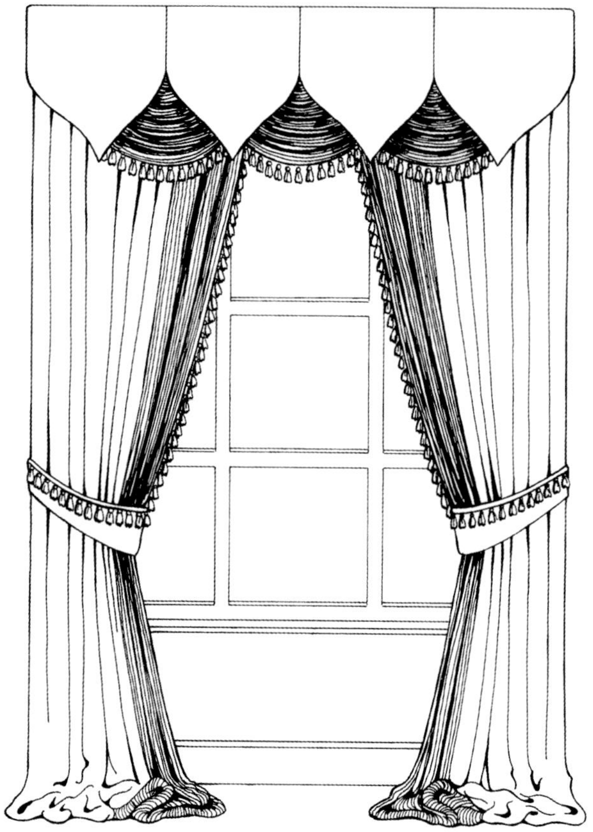

尖头箱形短幔位于三个抽褶三角帘和两幅帘布顶部。

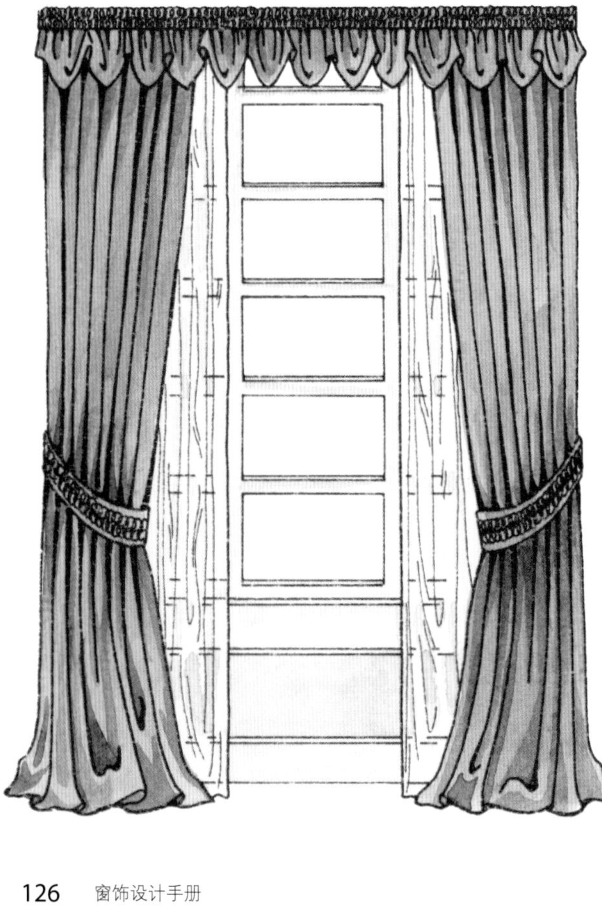

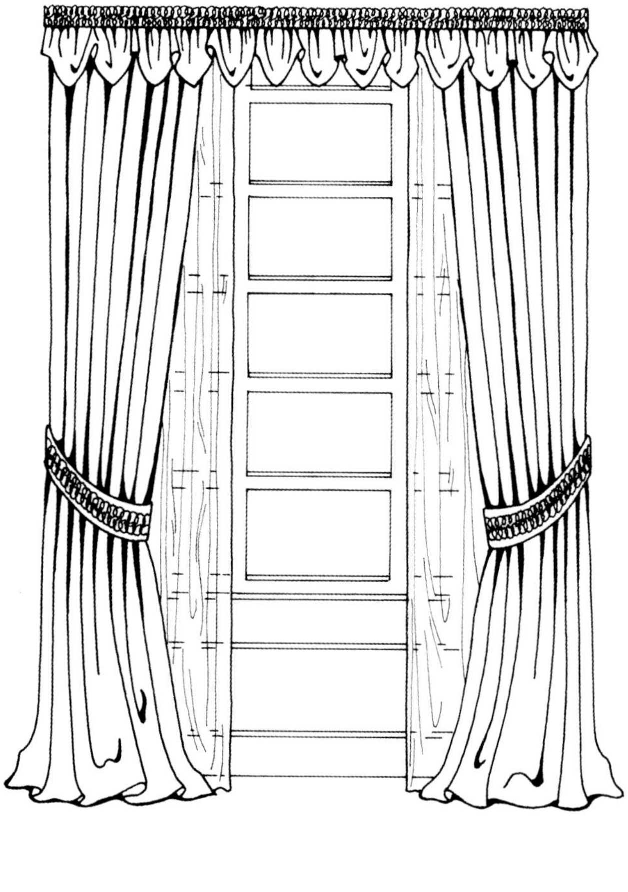

10厘米抽褶帘头短幔下是透明薄衬帘和褶裥帘布，帘布上的系带与短幔相配。

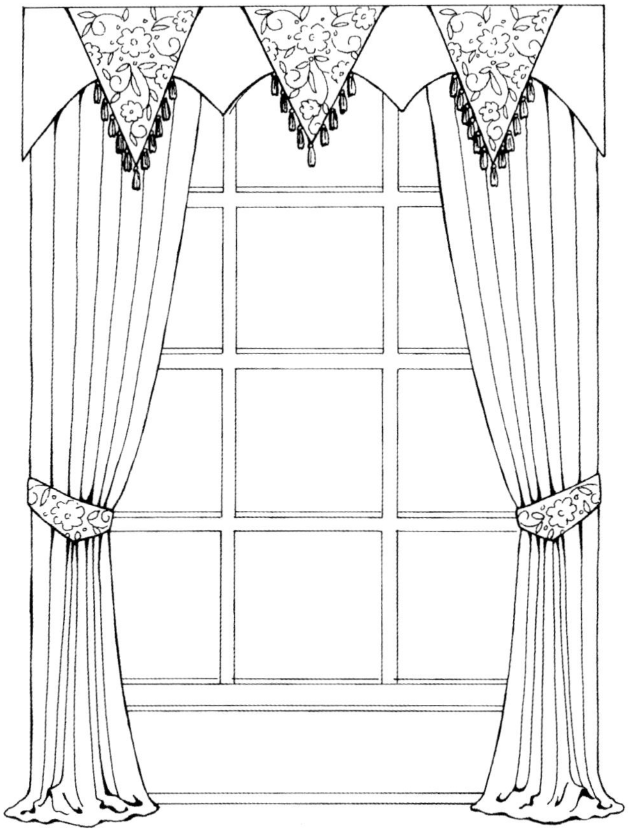

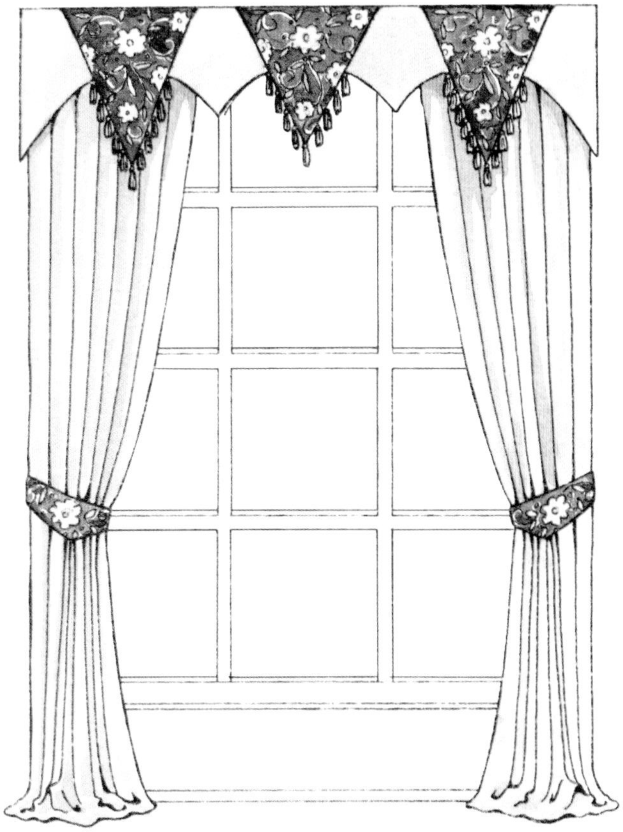

带旗饰的软檐板式短幔在对比面料的衬托下格外显眼。注意帘布带有配套的同种花色面料的系带。

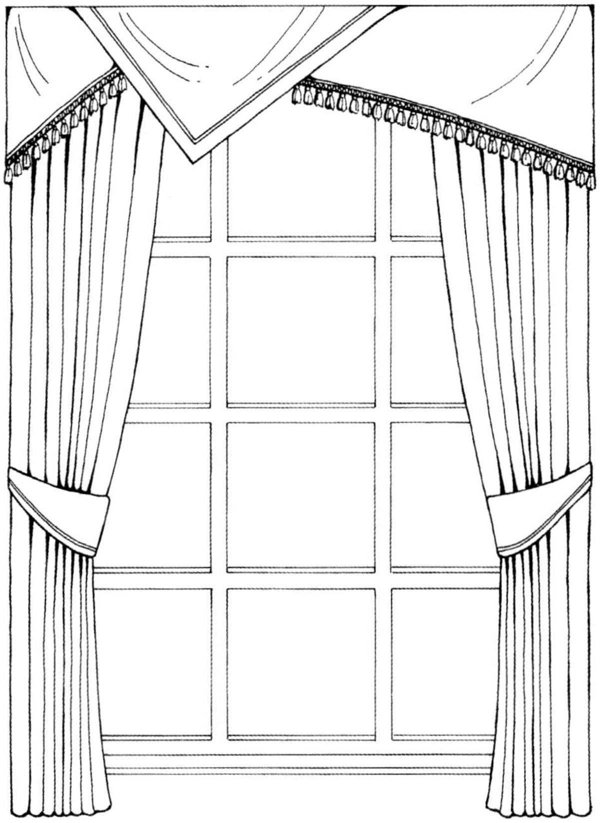

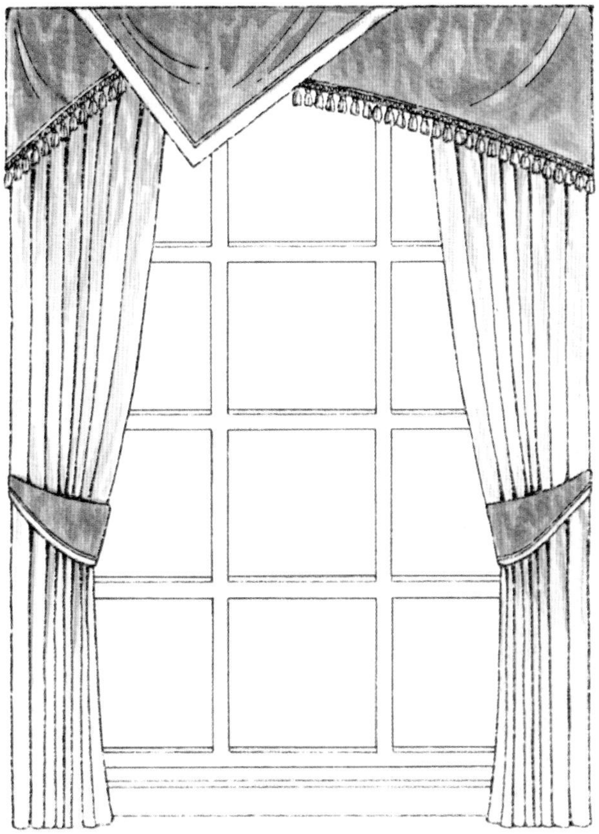

一个偏置的拱形无裥短幔和偏置的三角旗饰组成了一个与众不同的造型。加上固定的褶裥帘布构成了完整的窗饰。

带花彩旗、花饰和垂饰的柔软无裥短幔。带奖牌状帘钩的帘布完善了这一优雅的窗饰。

扇形檐板式短幔简洁明了地框起了褶裥帘布。

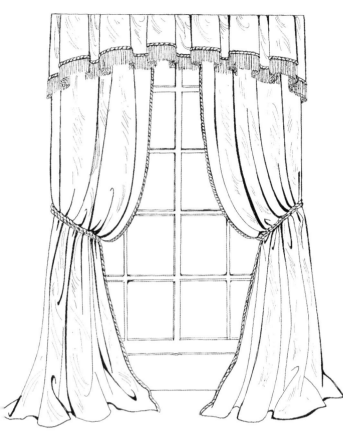

用系绳系起的窗幔上是
一个金丝流苏边的拱形
箱形褶短幔。

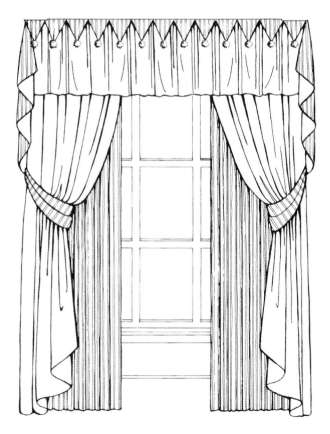

用配套的布带系起的固
定窗幔上是一个带三角
小旗饰和两侧有垂饰的
缩褶短幔。

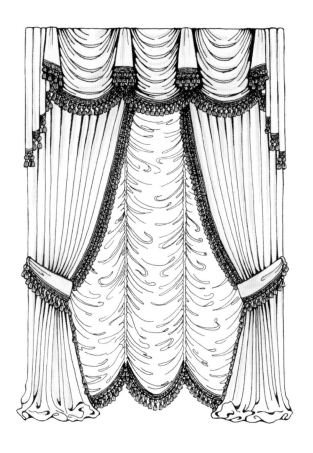
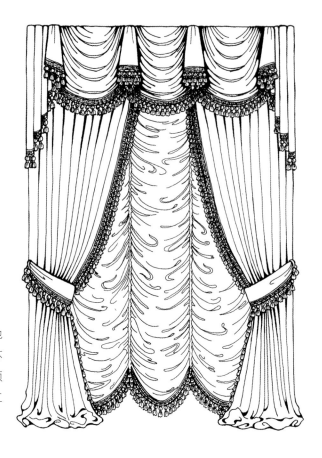

这款窗饰看起来奢华吗?
是的!这是一款装在奥地
利帘上有繁复的穗状流苏
边的金斯顿短幔。金斯顿
短幔和奥地利帘是最费工
夫的两种窗饰。

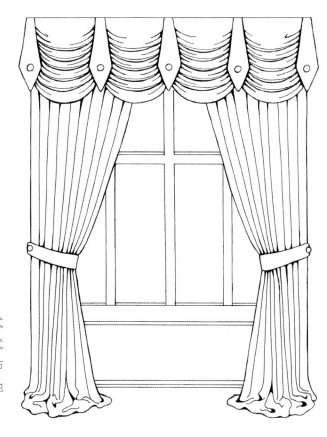

带纽扣垂饰的奥地利式
短幔挂在简朴的檐板式
木窗帘盒上。带配套布
系带的窗幔布堆曳到地
板上。

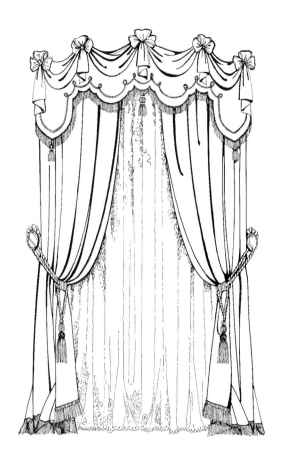
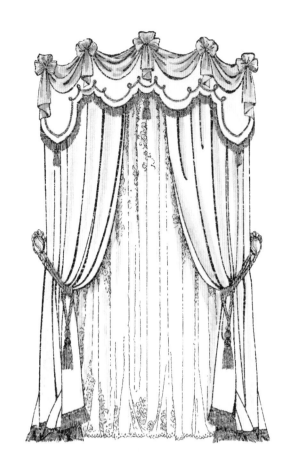

带马耳他十字花结和金丝流苏边的扇形边拱顶金斯顿短幔与底边相呼应，展示出用吊穗系绳在两侧系起的金丝流苏边帘布下的透明薄蕾丝衬帘。

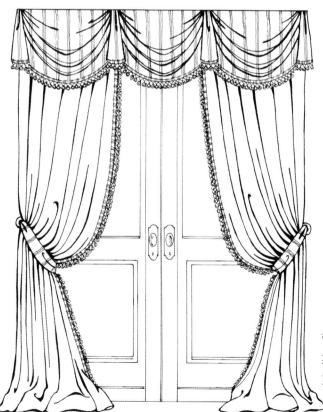
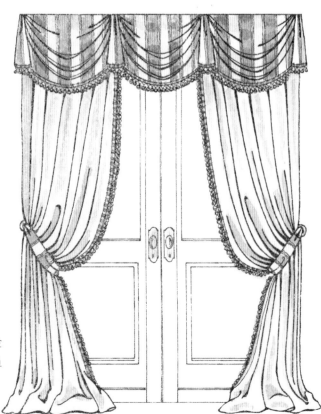

带2.54厘米吊穗贴边的金斯顿短幔和有配套的简单系带的法式褶曳地门帷。

简单的穿杆短幔

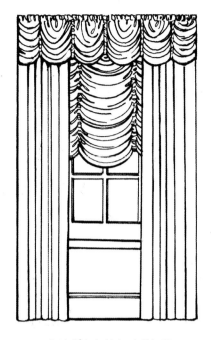

奥地利帘上的奥地利短幔

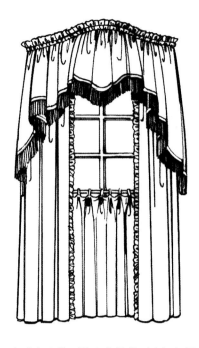

咖啡帘上带刷状流苏的拱形穿杆短幔

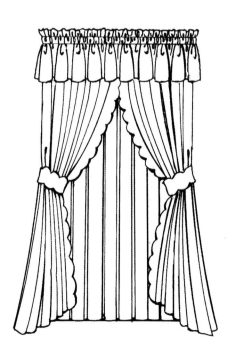

扇形镶边扣帘上方的穿杆短幔

带绳饰和吊穗的拱形箱形褶扇贝边短幔

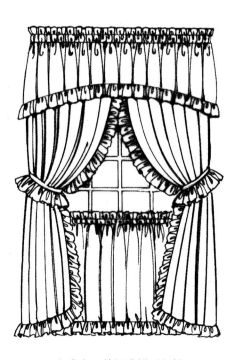

咖啡帘上的褶边拱形短幔

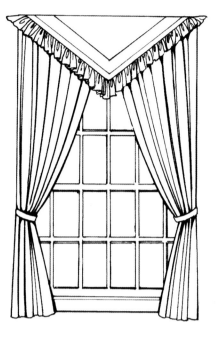

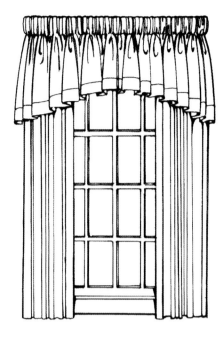

无裥扣帘上方的气球形短幔

配有窗帘系带的褶皱帘上方的三角形镶皱边短幔

褶裥窗幔上方的镶边穿杆短幔

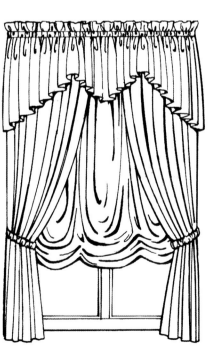

咖啡帘上有灯笼袖窗幔，灯笼袖窗幔上有穿杆短幔，层层相叠。

多拱形穿杆短幔，后衬扣帘和云状帘。

扣帘上方的缩皱短幔和垂幔

用带子系起的帘顶部配有穿杆短幔

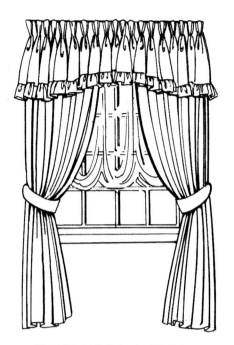

用带子系起的帘与气球形薄纱帘上方
的拱形褶裥短幔

灯笼袖窗幔上方的穿杆短幔

上、下穿杆的短幔，两侧的窗幔上有
配套的系带。

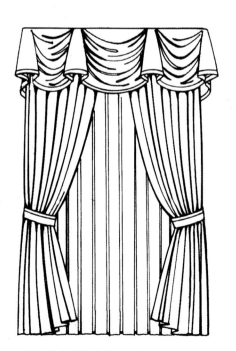

系起的窗幔和薄纱帘上的金斯顿短幔

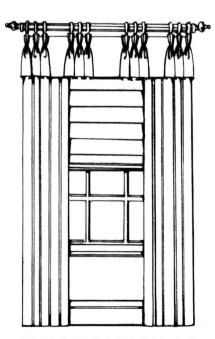

罗马帘上的褶裥短幔和窗幔，短幔
上的褶裥三个一组。

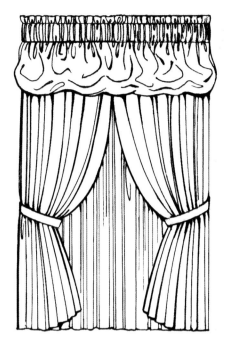

薄纱帘外有两侧系起的帘，其上是云状穿杆短幔。

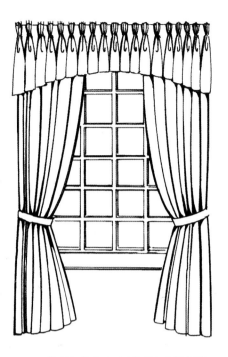

用带系起的帘上有拱形法式褶短幔

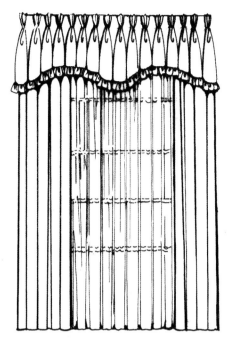

窗幔和薄纱帘上方的多拱形短幔

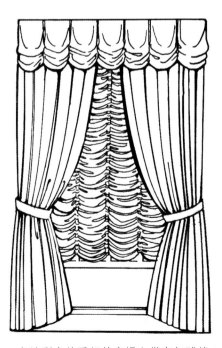

奥地利帘外系起的窗幔上带有气球状短幔

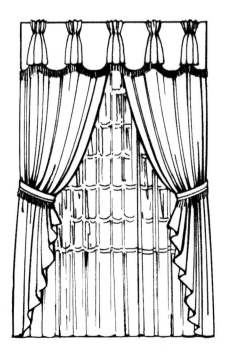

薄纱帘和两侧系起的帘上方有带间隔褶裥的安妮女王式短幔，镶有扇形边。

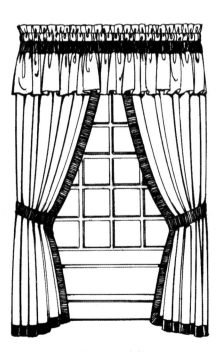

镶边穿杆窗幔

短幔式样

法式褶短幔

双捏褶短幔

间隔褶短幔

起褶拱形短幔

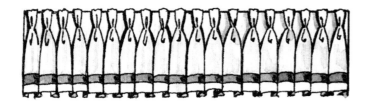

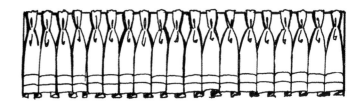

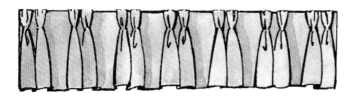

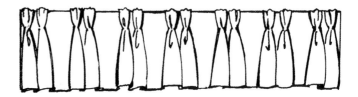

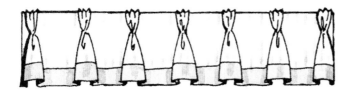

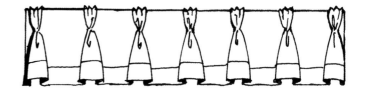

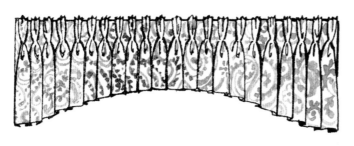

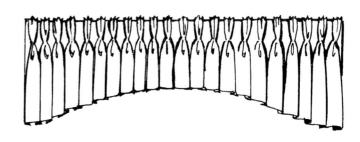

带独特扇形边的安妮女王式短幔

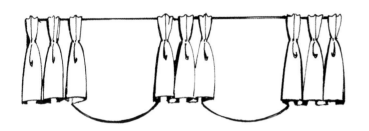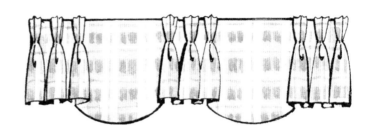

间隔褶安妮女王式短幔

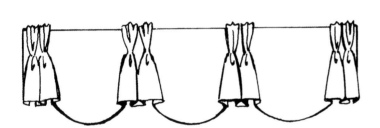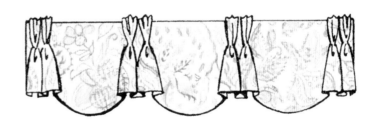

双褶安妮女王式短幔

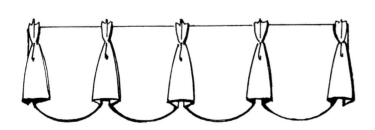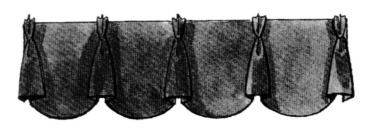

安妮女王式短幔

反转箱形褶短幔

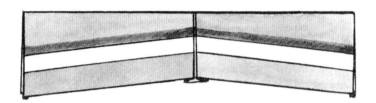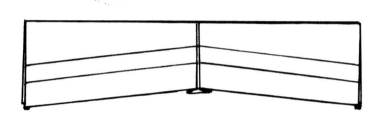

镶边楔形箱形褶短幔

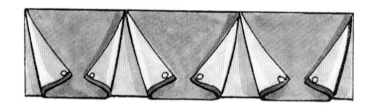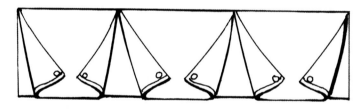

带纽扣装饰的箱形褶短幔

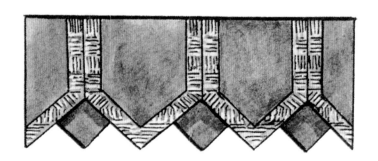

镶边尖头箱形褶短幔

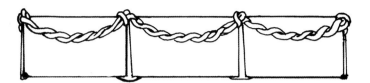
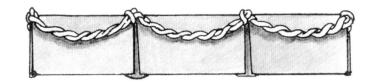

带扭绞绳的反转箱形褶短幔

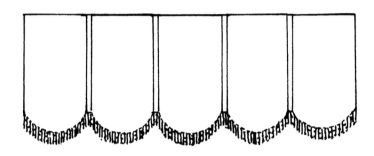
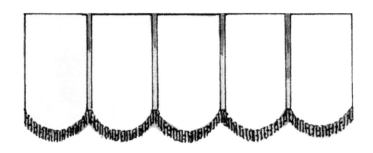

流苏边反转箱形褶贝壳边短幔

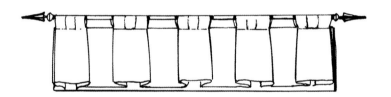
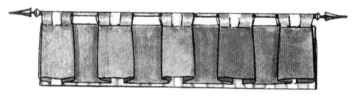

箱形褶吊带短幔

带帘眉的拱形箱形褶短幔

装饰杆上的三个圆筒式褶为一组的短幔

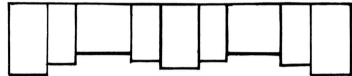

多层次箱形褶短幔

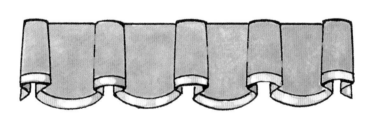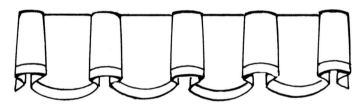

豪华式短幔

拱形褶裥短幔

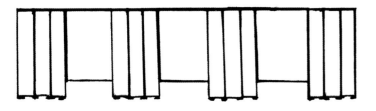
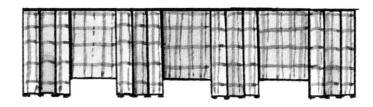

不对称箱形褶短幔

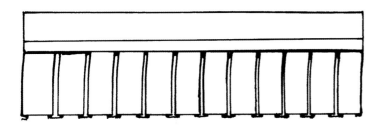
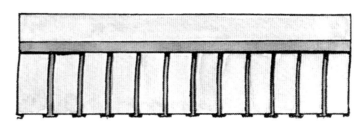

带帘眉的反转箱形褶镶边短幔

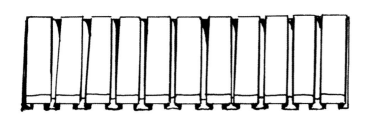
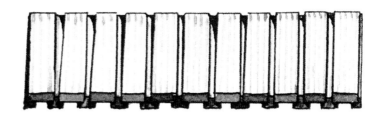

镶边箱形褶短幔

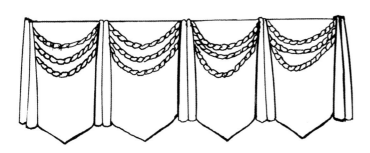

带绳子装饰的尖头箱形褶短幔

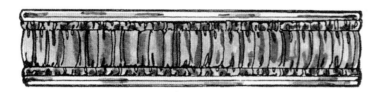 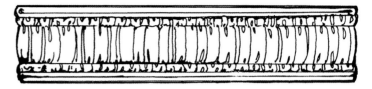

上下都有装饰杆的缩褶短幔

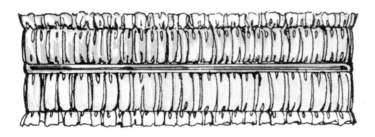 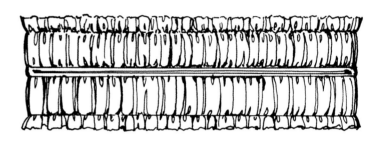

中间有黄铜杆的双层穿杆缩褶短幔

中间有装饰杆的双层缩褶短幔

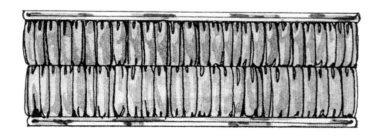 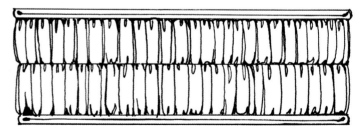

由两根宽11厘米的扁平杆支撑的短幔，上下都有装饰杆

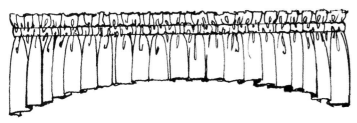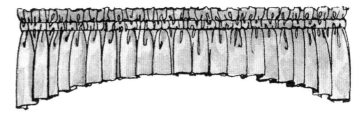

穿杆拱形短幔

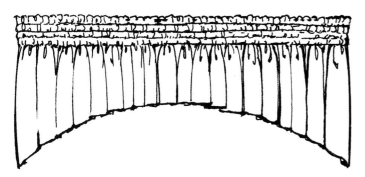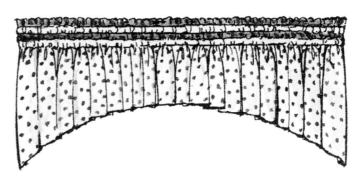

10厘米宽的抽褶拱形帘头

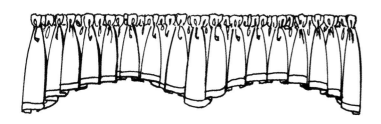

穿杆多拱形短幔

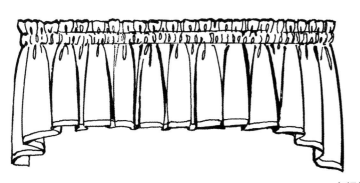

穿杆拱形短幔

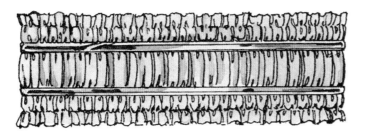
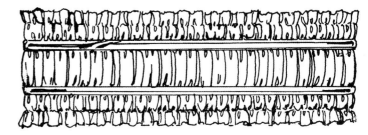

中间有两根装饰杆的缩褶短幔

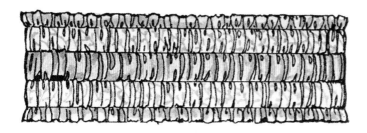
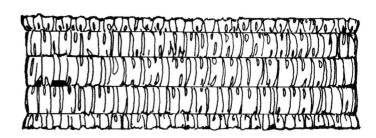

复合面料三层穿杆短幔

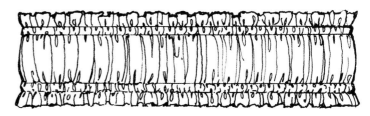

上下穿杆短幔

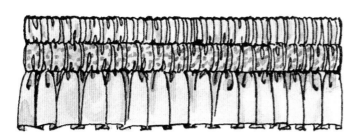
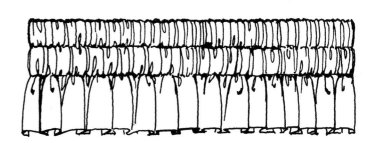

无竖式装饰的双层穿杆短幔

 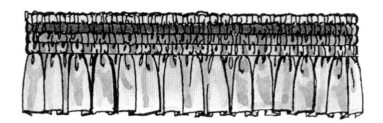

宽10厘米抽褶帘头

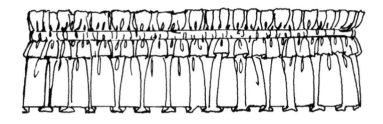 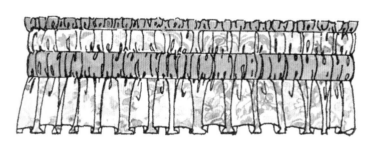

顶部双层穿杆且带竖式装饰的短幔

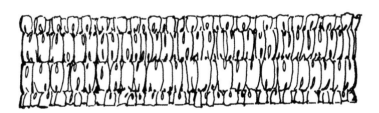 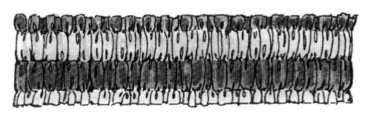

有竖式装饰的双层穿杆短幔

 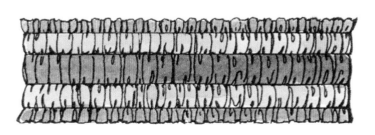

顶部和底部都有缩褶的三层短幔

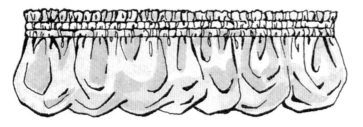 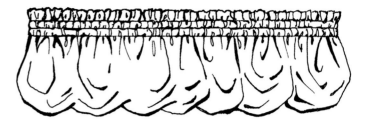

带抽褶帘眉的云形短幔

 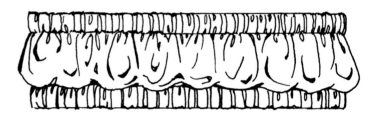

云形双层穿杆短幔

带竖直褶边的云形短幔

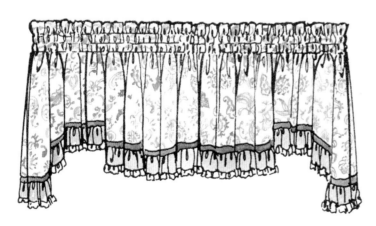 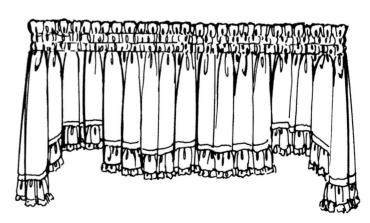

双层细杆上带有褶边的拱形缩褶短幔

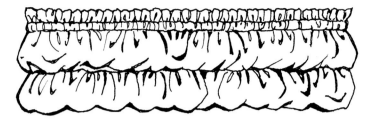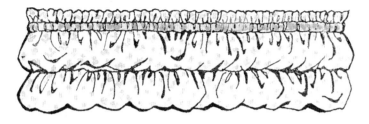

上下双层抽褶的穿杆短幔

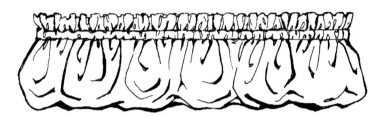

带穿杆帘眉的云形短幔

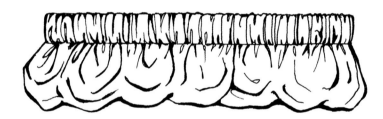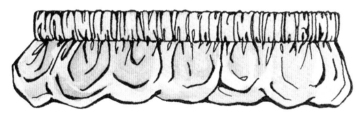

底部帘杆上抬的双层穿杆短幔

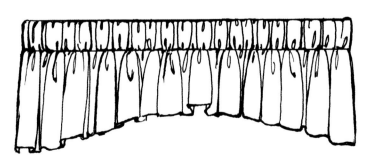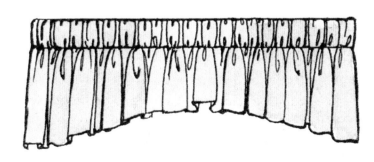

拱形穿杆短幔

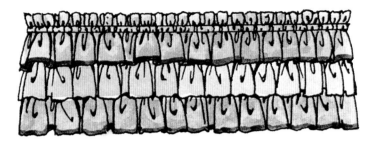

裙状穿杆短幔

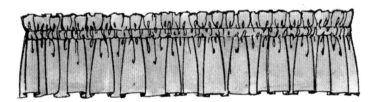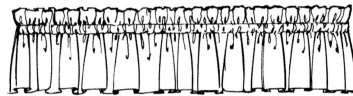

穿杆短幔

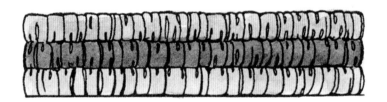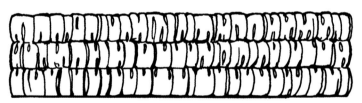

平展的三层11厘米宽缩褶穿杆短幔

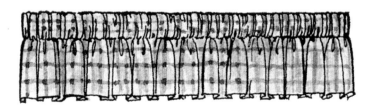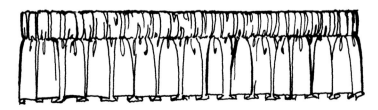

带穿杆帘头的短幔

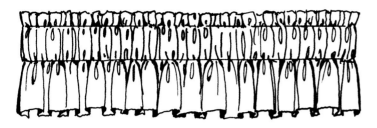 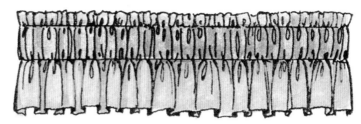

有竖直褶皱的穿杆短幔

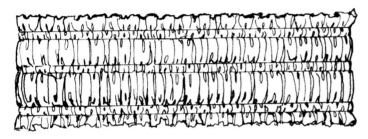 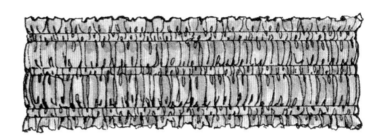

上下两层皱褶的穿杆短幔

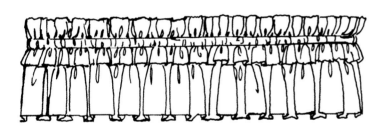 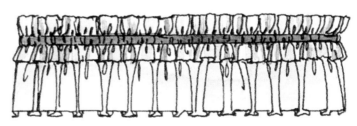

帘杆上带双层抽褶边的短幔

装饰杆上的吊带短幔

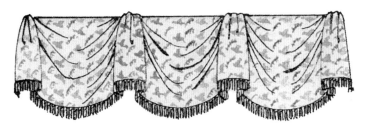
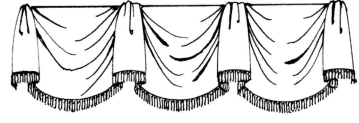

金斯顿短幔

装饰杆上的无围边金斯顿短幔

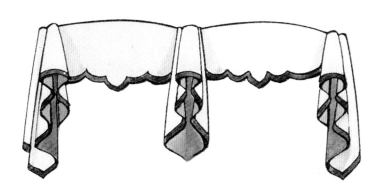

路易十五式短幔

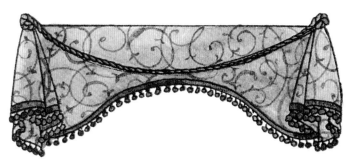
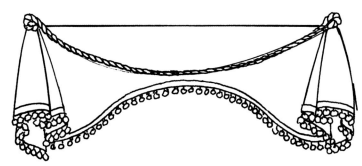

带绳饰和流苏边的拱形缩褶短幔

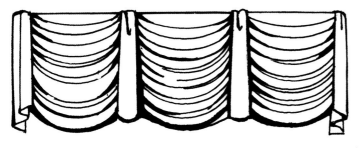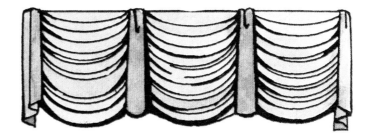

带垂饰奥地利式短幔

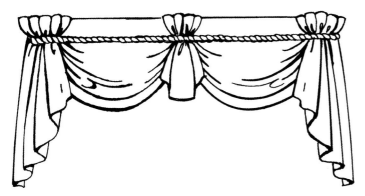

墨菲短幔

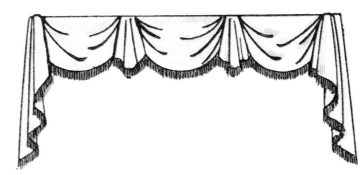

波尔多短幔

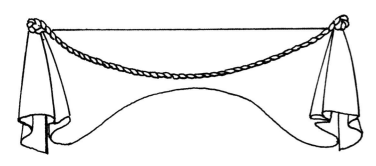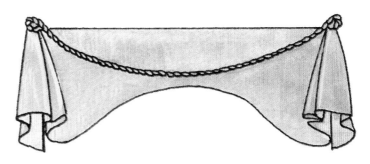

带绳饰的拱形缩褶短幔

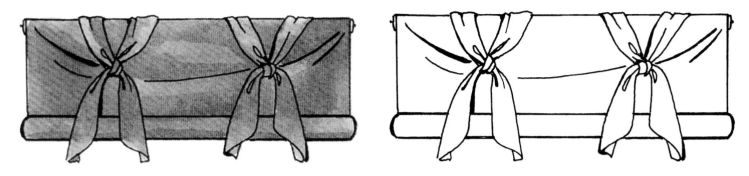

带宽布带结的马车式卷帘短幪

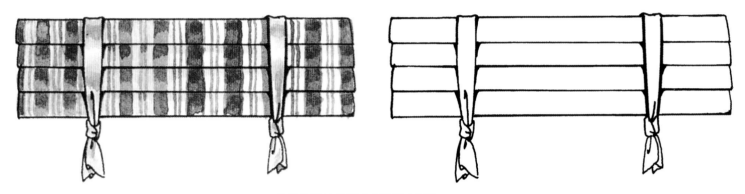

带装饰结的仿罗马帘檐板式短幪

带装饰结、上下有帘杆的短幪

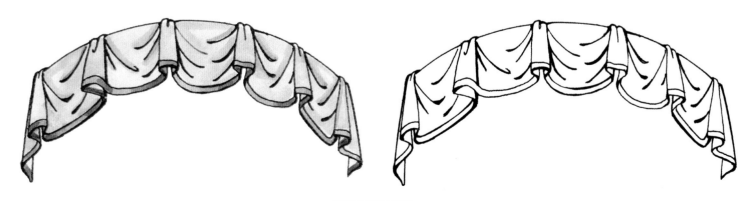

拱形金斯顿短幪

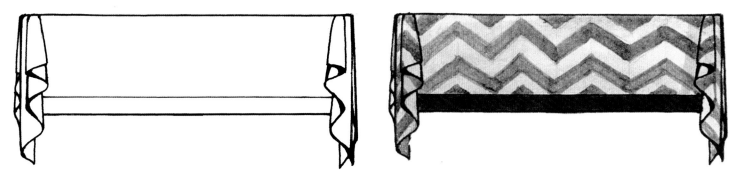

两侧带垂饰的镶边软檐板式短幔

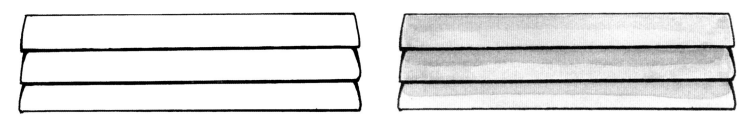

仿罗马帘短幔

带饰边的扇形吊带短幔

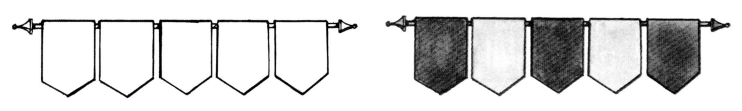

旗式短幔

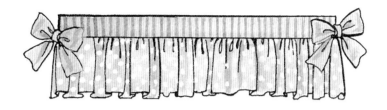
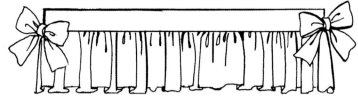

软檐板式小窗帘盒下带装饰结的缩褶短幔

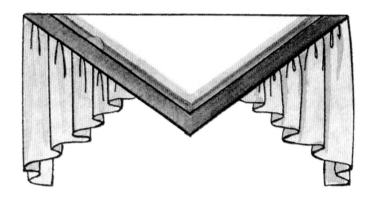
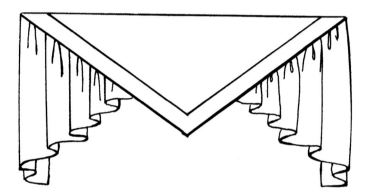

缩褶与手帕式组合短幔

镶边尖头组合短幔

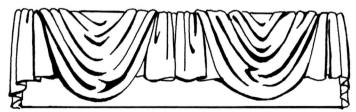

软檐板式短幔上方挂着三角形垂饰的缩褶短幔

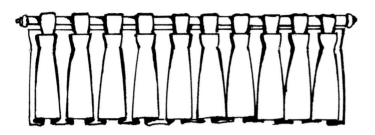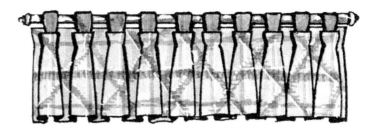

箱形褶吊带短幄

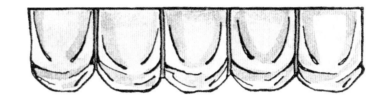

气球式短幄

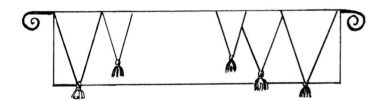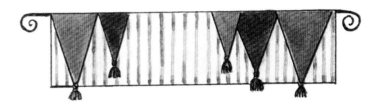

带旗饰的软檐板式短幄

泪珠式短幄

短幅尺寸规格

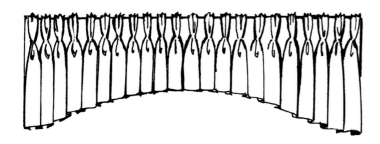
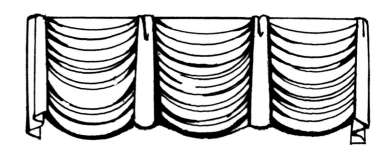

这款柔软的拱形褶裥短幅为窗子添加了有趣的装点，却不会扭曲视野。帘头可为褶裥的、抽褶的或隧道状的。

尺寸（包括法式褶；穿杆（包括拱形的）；安妮女王式和箱形褶）
步骤1：
（所覆盖的区域的宽度 + 前后距）× 2.5 ÷ 布料宽度 = 布幅数
步骤2a：
（至最长处的长度 + 40厘米）× 布幅数 ÷ 91.44 = 无重复图案的尺寸
或者
步骤2b：
（至最长处的长度 + 40厘米）÷ 重复图案长度 = 需要的重复图案数（进为最接近的整数）
步骤2c：
需要的重复图案数 × 重复图案长度 = 裁剪长度
步骤2d：
布幅数 × 裁剪长度 ÷ 91.44 = 有重复图案的尺寸

需要考虑的因素
·宽度
·前后距
·至最长处的长度
·至最短处的长度
·面料细节
·帘头种类

扇形中间的垂直抽褶创造出了一款柔软而正式的短幅。与其他窗饰一起打造出完整的造型。

尺寸：奥地利短幅
步骤1：
（所覆盖的区域的宽度 + 前后距）× 1.5 ÷ 布料宽度 = 布幅数（只取整数）
步骤2a：
布幅数 ×（短幅长度 × 3）÷ 91.44 = 无重复图案的尺寸
或者
步骤2b：
短幅长度 × 3 ÷ 重复图案长度 = 需要的重复图案数（进为最接近的整数）
步骤2c：
需要的重复图案数 × 重复图案长度 = 裁剪长度
步骤2d：
布幅数 × 裁剪长度 ÷ 91.44 = 有重复图案的尺寸

需要考虑的因素
·宽度
·长度
·衬里颜色
·内侧或外侧安装
·前后距

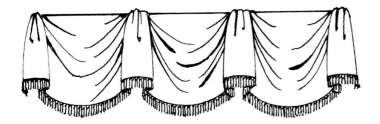

精致金斯顿短幢的号角形状的设计保证了宽松位，而帝国式短幢的宽松位则通过将褶裥提拉至顶部的方法获得。

尺寸（包括帝国式或金斯敦短幢）

步骤1：
（BF（板面宽度）＋15厘米RT（前后距，如果越过窗幢上方））×2.5÷布料宽度＝需要的布幅数（进为整数）

步骤2a：
（FL（成品长度）×2＋25厘米HH（帘头和褶边））×需要的布幅数÷91.44＝无重复图案的尺寸（进为整数）

或者

步骤2b：
（FL（成品长度）×2＋25厘米HH）÷重复图案长度＝需要的重复图案数（进为整数）

步骤2c：
重复图案数×重复图案长度＝CL（裁剪长度）

步骤2d：
布幅数×CL（裁剪长度）÷91.44＝有重复图案的尺寸（进为整数）

需要考虑的因素
•宽度和长度，衬里颜色
•安装：在板上还是装饰杆上

比起极为类似的云状短幢，这款短幢有大的反转褶裥，营造出更为简洁明了的效果。无论是单独使用还是在下面配上窗幢，它柔和的造型与打褶部分漂亮的膨起状都增加了柔美感。

尺寸（包括气球状和云状短幢）

步骤1：
（短幢宽度＋RT（前后距））×2.5÷布料宽度＝需要的布幅数（进为整数）

步骤2a：
（短幢长度＋40厘米HH（帘头和镶边））×需要的布幅数÷91.44＝无重复图案的尺寸

或者

步骤2b：
（短幢长度＋40厘米HH）÷重复图案长度＝需要的重复图案数（进为整数）

步骤2c：
需要的重复图案数×重复图案长度＝CL（裁剪长度）

步骤2d：
布幅数×CL÷91.44＝有重复图案的尺寸（进为整数）

需要考虑的因素
•宽度、长度和衬里颜色
•安装处：内侧、外侧还是天花板上
•前后距大小和安装：在板上还是装饰杆上

檐板式窗帘盒和布边饰

无论是单独使用，还是作为已有窗饰的附加物，檐板式窗帘盒可以是任何家居装饰的好搭配。

尽管檐板式窗帘盒是通常紧邻窗框安装的固定窗饰，但它绝不是一成不变的。高窗顶部精雕细刻的檐板式窗帘盒能将房间带回国王和王后生活的奢华时代。与之相反，孩子房间的窗户上用他最喜欢的动物和图画装饰的檐板式窗帘盒，大大增加了房间的趣味性。

有编织粗系绳的灯笼袖式窗幔，拱形窗帘盒与窗户形状完美贴合却不会遮蔽窗户。

这是按窗形专门设计的多沿条组合在一起的拱形窗帘盒。固定帘布上方的绳饰和吊穗与这款窗饰完美地搭配。

拱形绗缝窗帘盒与褶裥窗幔
底缘的宽饰边互相呼应。

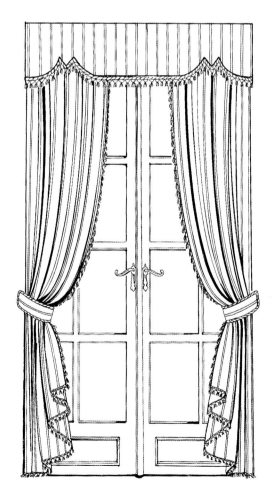

竖条纹帘布与配套的窗帘盒以
及用相同布料缝制成的横条纹
布系带完美地搭配在一起。

有时面料的图案有助于窗帘盒设计的选择。注意方格图案与这款定制窗帘盒两边下伸部分整齐相连。固定帘布微微垂落至地。

有垫料和独特装饰的窗帘盒是双层帘布的完美陪衬。

罗马帘外的贴边布边饰。

褶裥窗幔外的抽褶布边饰。

横条纹窗帘盒衬托出深浅两色的帘布面料。

宽条纹面料给这款定制的深窗帘盒增添了趣味。吊穗系绳是装饰的完美体现。

简洁的平移窗幔上方是带有无围边花彩和垂饰的窗帘盒。

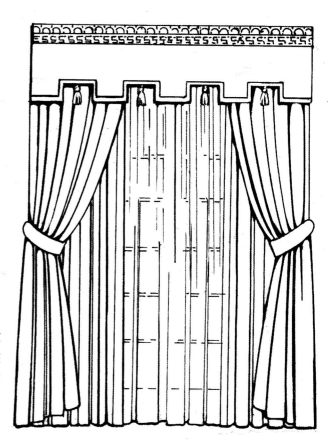

这个专门设计的窗帘盒顶部有金色的阔叶木装饰板条。透明薄帘外有系带的窗幔形成了漂亮的四层窗饰。

带有两层褶裥垂饰的拱形
窗帘盒；注意窗帘盒与外
层垂饰上的饰边。

窗幔也可以像这款不同寻
常的窗饰一样安在窗帘盒
外面。

有匹配的崔丽恩窗帘
盒的大型拱形装饰窗
帘盒，展示出了这扇
巨大的窗子，也用于
悬挂小花彩和灯笼袖
式帘布。

崔丽恩装饰窗帘
盒突出了窗景；
窗帘盒中间的花
彩竖向柔化了窗
景，曳地窗幔则
强化了窗景。

对页上相同位置的窗饰的另一种设计。注意通过改变不多的元素，就能获得另一款窗帘。

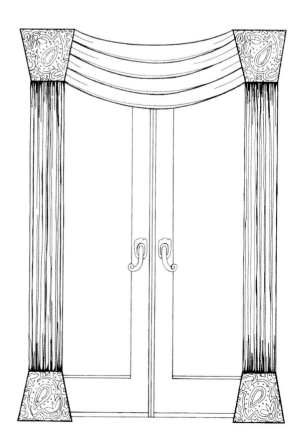

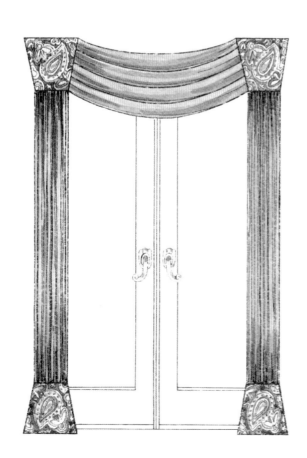

顶部和底部的崔丽恩窗帘盒分列在门道两侧，也撑起了顶部的单个花彩和垂直的抽褶布帘。

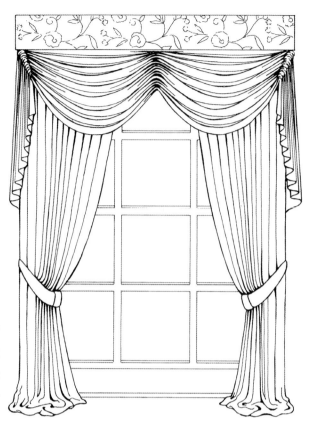

对页上相同位置的窗
饰的另一种设计。注
意通过改变不多的元
素，就能完全定制一
款窗帘。

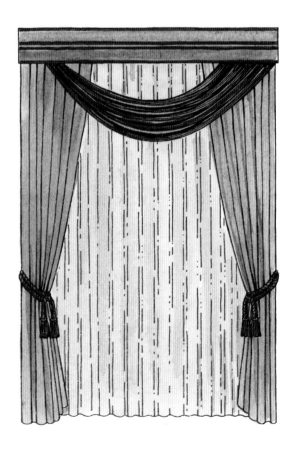

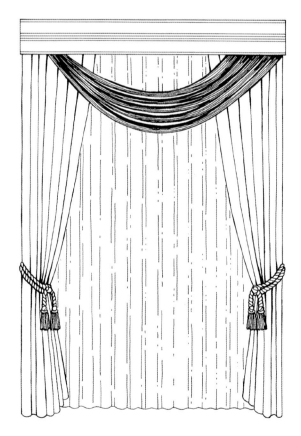

镶边和贴边的平直窗帘盒
遮住了悬挂透明薄衬帘、
侧帘和单个花彩所需的全
部五金件。

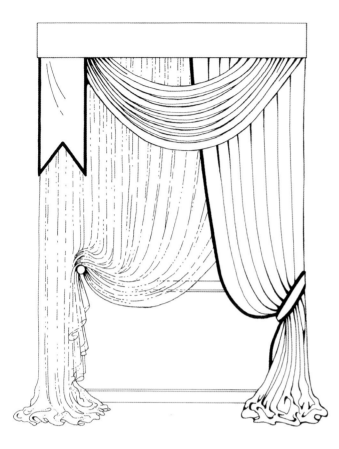
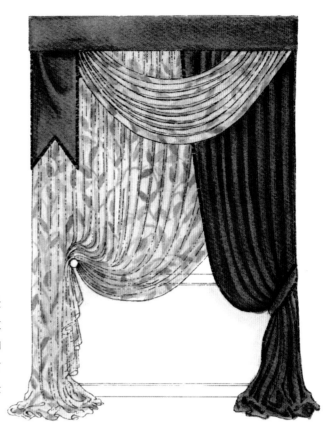

为了遮住不好看的景色，透明薄衬帘分散了光线，同时花彩和尾饰以及右侧的帘布将人们的目光从窗景上引开。

这款独特的窗饰将帘杆换到一边，安装在装饰窗帘盒外，最后加上一个双层垂饰。两边的固定帘布为了吸引眼球而采用拼色。

檐板式窗帘盒形状、式样和装饰

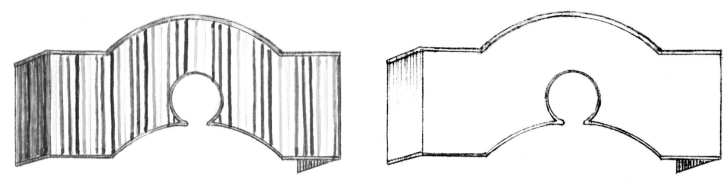

中间有圆孔的拱形窗帘盒

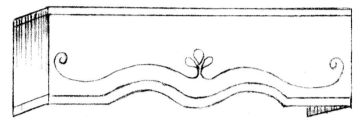

顶部镶边的贴花窗帘盒

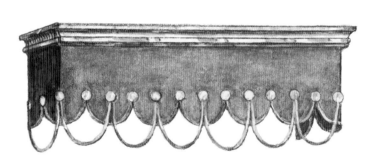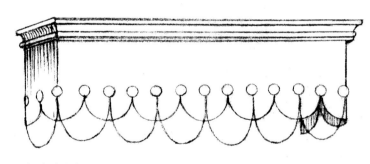

带绳穗的窗帘盒，顶部涂成金色

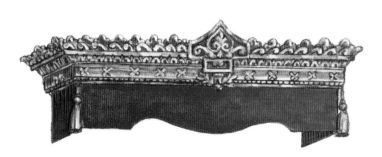

专门设计的窗帘盒，木质的顶部涂成金色

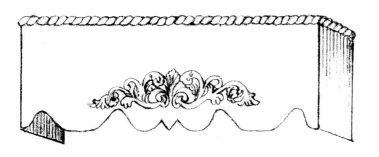

顶部有粗绳边的贴花窗帘盒

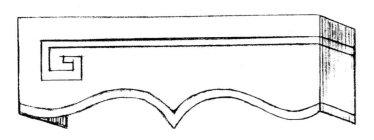
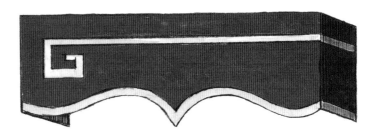

贴有图案的窗帘盒

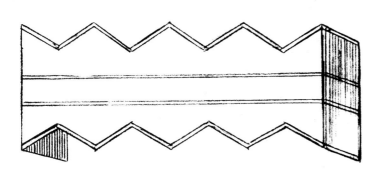
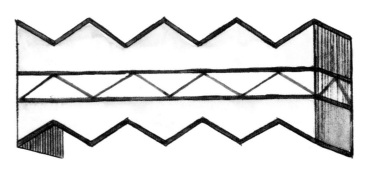

上、下呈"V"字形窗帘盒

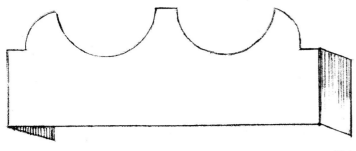

塔式窗帘盒

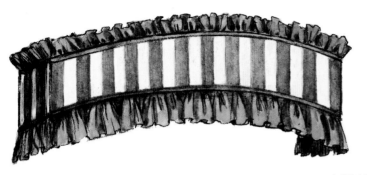
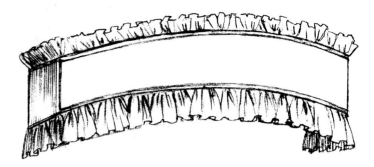

布褶边拱形窗帘盒

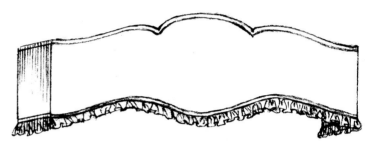

定制设计的褶饰底边窗帘盒

纽扣花彩窗帘盒

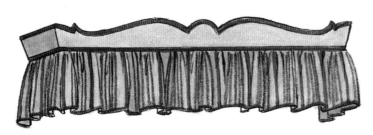
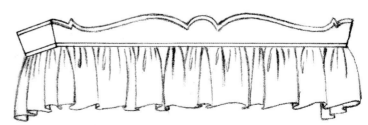

带缩褶短幔和特殊形状顶端的窗帘盒

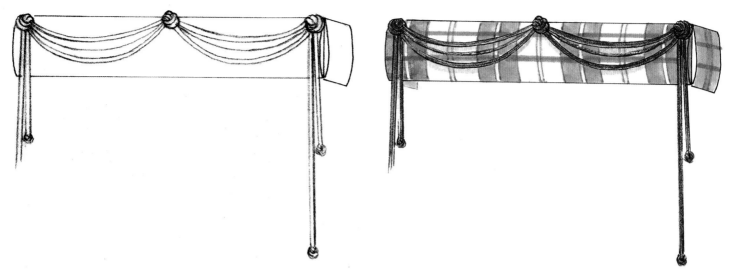

带绳饰与装饰结的平直窗帘盒

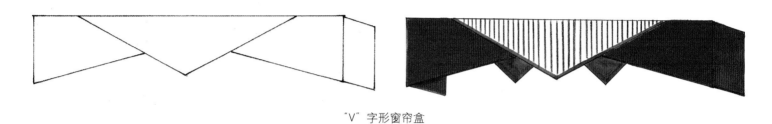

"V"字形窗帘盒

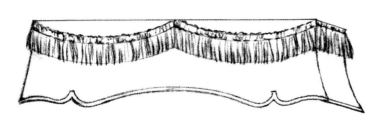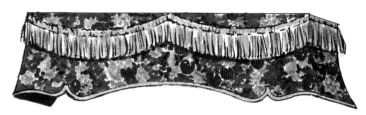

塔式金丝密流苏边窗帘盒

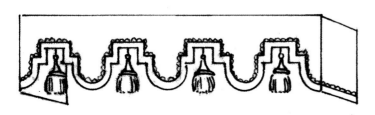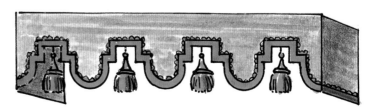

形状特殊的大吊穗窗帘盒

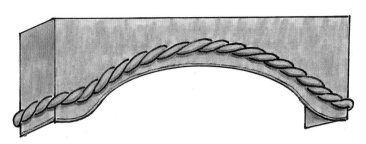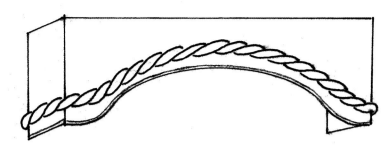

带扭绞绳的拱形窗帘盒

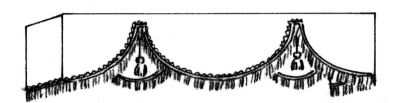

形状特殊的流苏边窗帘盒

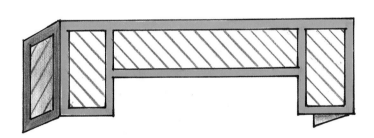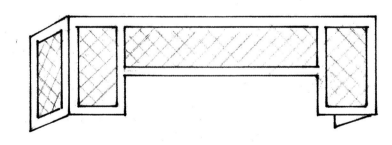

两侧略微向下伸长的箱形窗帘盒

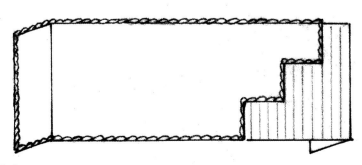

多面料组合的窗帘盒

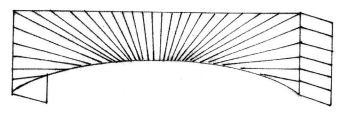

旭日形窗帘盒

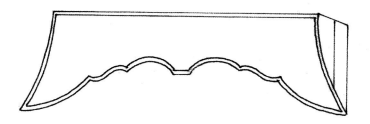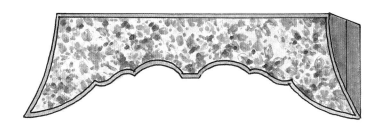

塔式窗帘盒

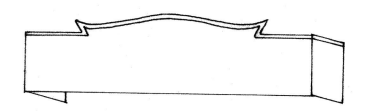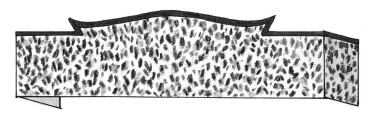

顶端为特殊形状的平直窗帘盒

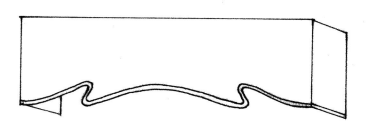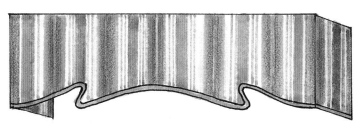

定制形状窗帘盒

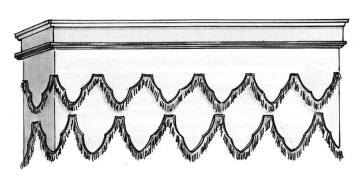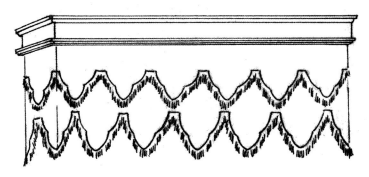

有两层流苏边的木顶窗帘盒

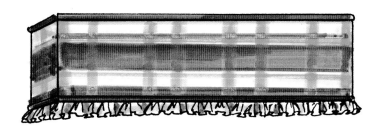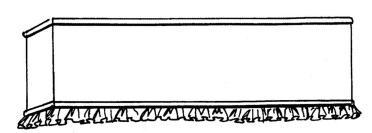

带褶饰底边的窗帘盒

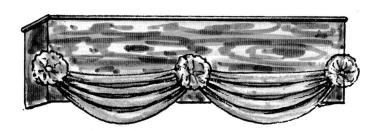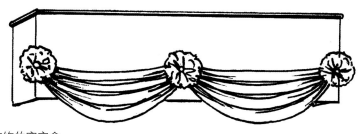

有花彩和玫瑰花饰的窗帘盒

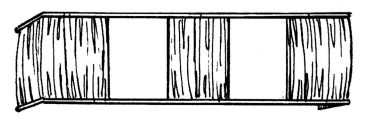

抽褶布和无裥布相间的窗帘盒

抽褶窗帘盒

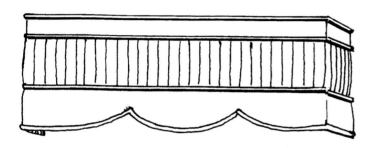 

中间布料打褶的窗帘盒

绘有树叶图案的木质窗帘盒

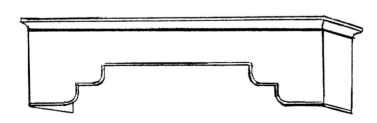 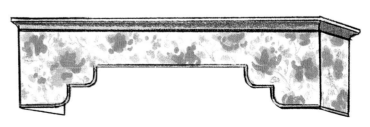

前面和两侧贴墙纸的木顶窗帘盒

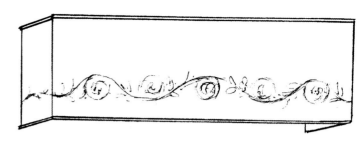

有印花图案的平直窗帘盒

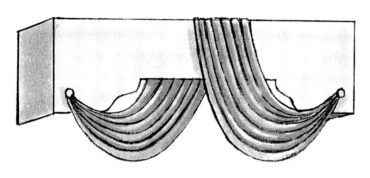
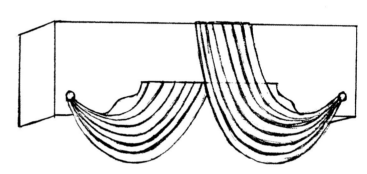

有花彩穿过的窗帘盒

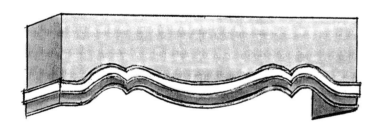
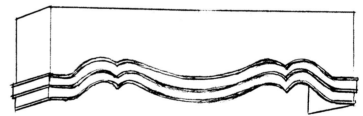

有特殊形状的镶边的窗帘盒

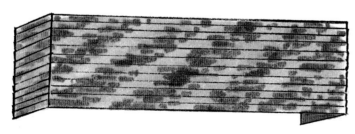

打褶窗帘盒

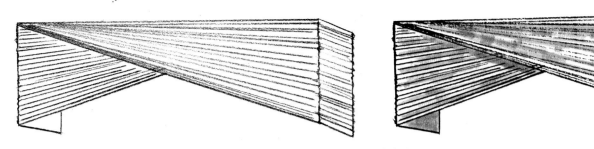

斜角拱形褶裥窗帘盒

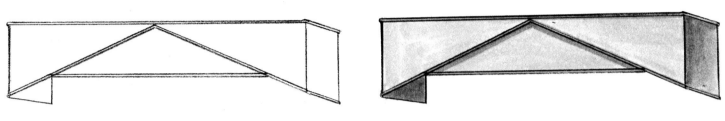

有独特斜角顶和贴边的窗帘盒

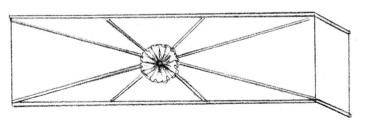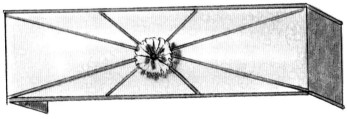

斜线和玫瑰花饰组合的平直窗帘盒

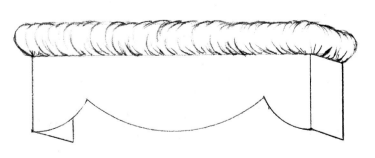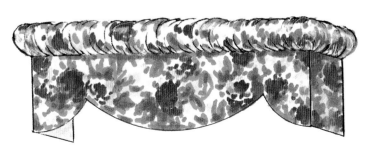

顶部有圆形缩褶、底部有大扇形边的窗帘盒

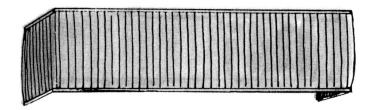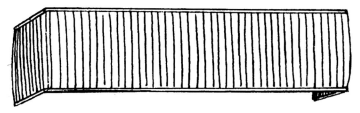

褶裥宽为2.5厘米的窗帘盒

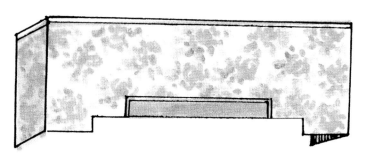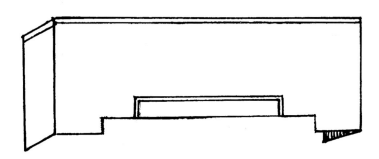

带织物镶嵌的窗帘盒

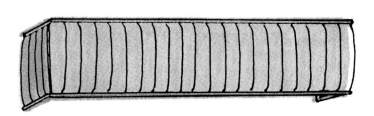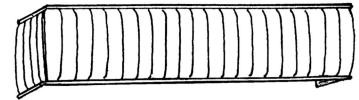

褶裥宽为5厘米的窗帘盒

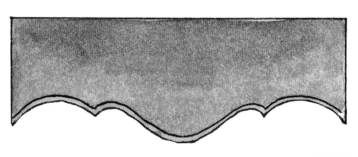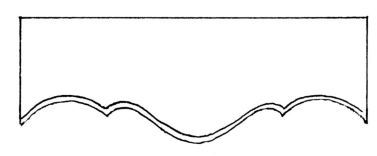

设计独特的窗帘盒

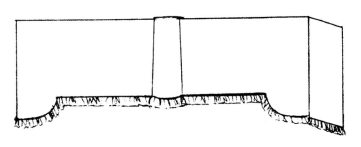

有中间垂饰的窗帘盒

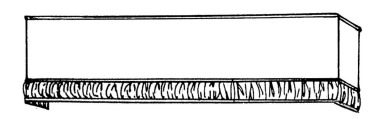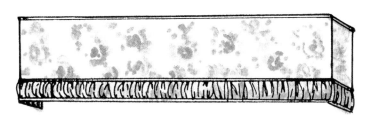

镶抽褶底边的窗帘盒

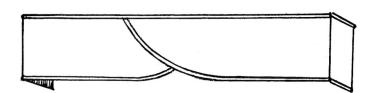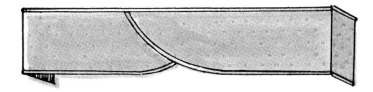

有独特贴边的窗帘盒

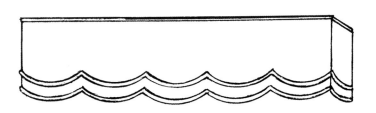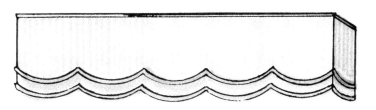

底部为扇形的镶边窗帘盒

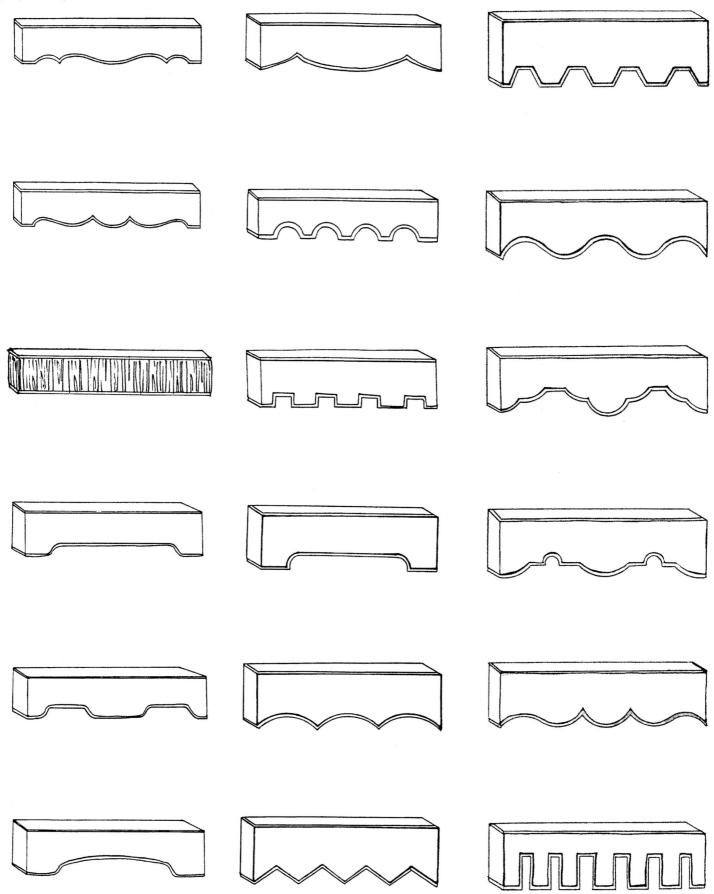

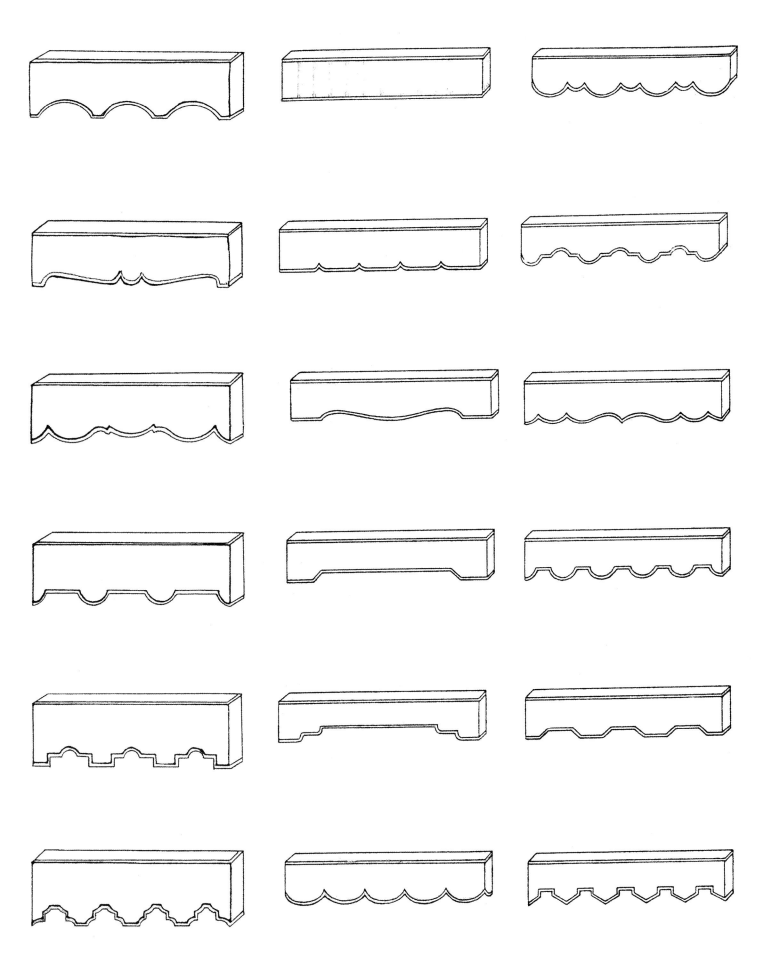

布边饰形状

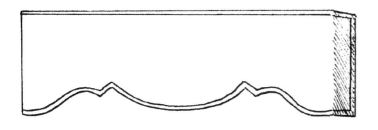

装饰性窗帘盒为所有尺寸的窗户提供了经典的顶饰，是窗幔、竖向百叶窗或软百叶帘上的极佳装饰。窗帘盒由填充和垫衬装饰布的木框构成，顶部和底部都有滚边。

尺寸

见下表

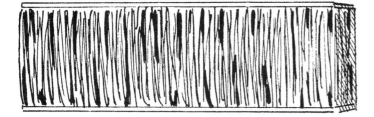

需要考虑的因素

· 宽度
· 长度：最短处 + 最长处
· 前后距
· 式样
· 面料细节
· 衬里颜色

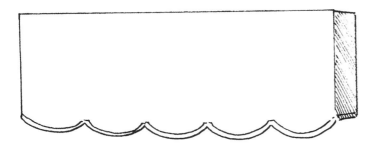

特别说明

(1) 建议检查测量值和安装情况。

(2) 不在正中的印花可能造成不平衡的效果，谨慎选取布料。

式样	布幅		
↓	122厘米到213厘米	213厘米到305厘米	305厘米到366厘米
简单裁剪	2码	3码	3½码
方切口	2码	3码	3½码
扇形	2码	3码	3½码
漩涡形	2码	3码	3½码
褶饰	3码	4½码	5½码

（1码=91.44厘米）

花彩与垂饰

种类与用途繁多的花彩和垂饰能胜任多种角色，无论是最为引人注目的重要角色，抑或只是小小的配角。最精妙的是，花彩与垂饰的组合随意地绕在窗帘杆上下垂就能形成优美的形状。从附有花彩的帘布中可以看到更为复杂的用法。不管以何种方式使用，装在木板或窗帘杆上、多层重叠或仅仅一层，这种经过时间考验的顶部窗饰无疑是成功的。

老旧时尚风格的花彩与
垂饰，层叠于华丽的垂
地固定帘布之上。注意
穗带装饰帘布边缘的方
式，它勾勒出了帘布边
缘的线条并在花彩的褶
层中随意地垂下。

传统的重叠花彩上带
有堆叠的缩褶垂饰，
成就了优雅奢华的窗
饰，玫瑰花饰和流苏
吊穗是点睛之笔。

透明薄衬帘、垂地帘布和
镶有金丝流苏边的花彩与
垂饰。

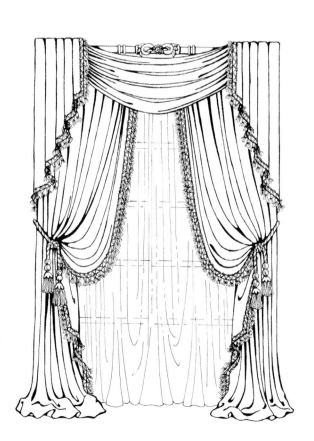

褶裥垂饰里面是单层缩褶
花彩，装在专门设计的窗
帘杆上，饰有流苏边与
吊穗。

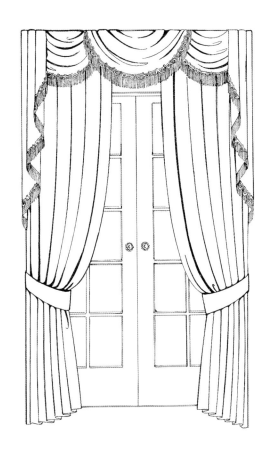

经典（褶裥和重叠）花彩与垂饰用流苏边装饰，用于将悬挂帘布的五金件隐蔽起来。

不对称的花彩装饰上点缀着许多金丝流苏边和吊穗，其面料厚重而有垂坠感。这款窗饰由三个不同部分组成，但看上去像一整块连续的布。

带绳饰和吊穗帘头的缩褶花彩。凸起的垂饰增添了戏剧感。镶边系带使这款窗饰更加完美。

这款双层窗饰包括用吊穗系绳拢住的一层单侧透明薄帘布，和帘杆上带有金丝流苏边和吊穗系绳的不对称花彩。透明薄帘布很容易从系绳上放下，作为一层额外的滤光窗帘。

吊带缩褶无围边的花彩系
在装饰木杆上。由于下面
的褶裥窗幔能盖住整个窗
口，解开系绳后隐私能得
到保护。

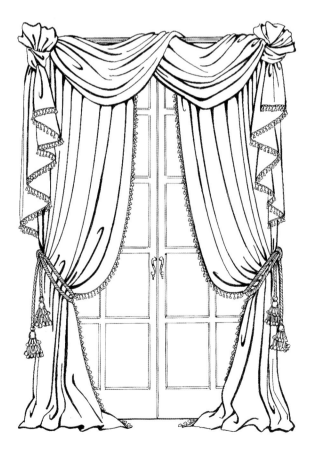

帘杆上的花彩突显出大装
饰结，加强了这款门帷的
视觉效果而引人注目。用
编织流苏和带吊穗的系绳
将两侧的帘布拔起，突显
出这款门帷的华贵。

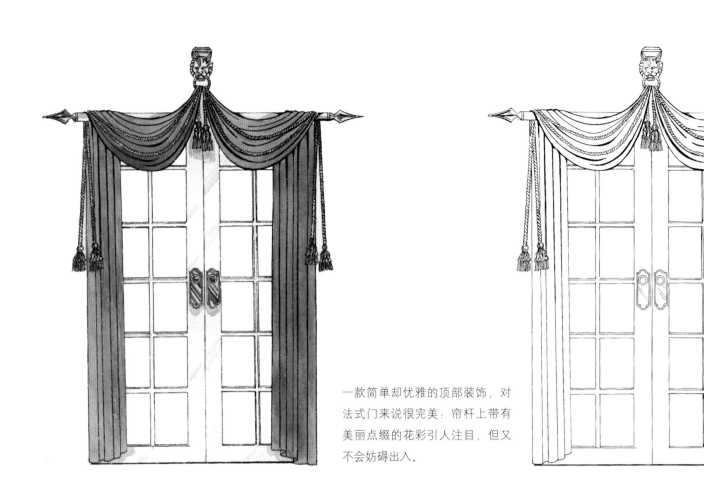

一款简单却优雅的顶部装饰，对法式门来说很完美：帘杆上带有美丽点缀的花彩引人注目，但又不会妨碍出入。

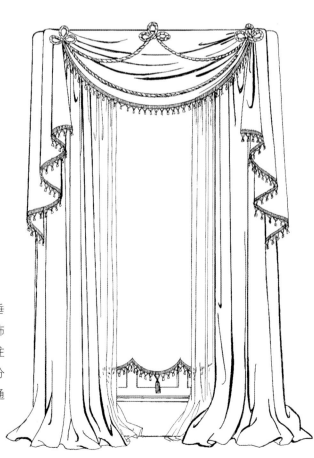

花彩和软檐板式窗帘盒下垂着镶边垂饰，与扇形边饰的遮光布帘相呼应。同样注意，这是一款包含四个部分的窗饰，透明薄帘布和普通帘布都被使用了。

透明薄帘使窗景变得柔和，但没有完全挡住景色。帘杆上不对称的花彩使这款窗饰的顶部显得更大气。

尽管这款窗饰看上去是一整块布，但实际上有六个组成部分：两个无围边缩褶花彩、两个大扭结玫瑰花饰和两幅固定堆地帘布。

x

中间微凸的两个花彩盖着一个小的平垂饰。两边有对比里衬的缩褶垂饰与镶边的固定帘布搭配和谐。

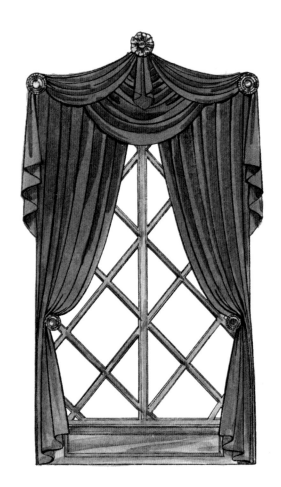
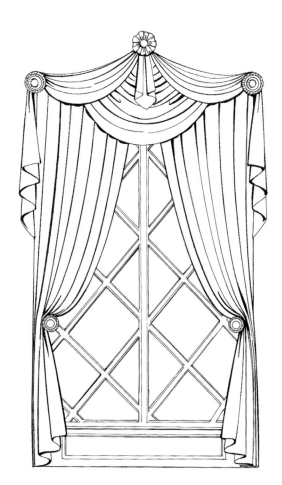

这款窗饰通过使用一个大花彩顶上又带两个较小的花彩和垂饰实现。奖牌状帘钩与两侧垂饰顶上用的奖牌状装饰相呼应。

这款窗饰最好请专业的窗饰工作室制作。这些花彩和垂饰通常是安装在板上的，推荐使用模板。为了不遮挡景色，拉开两侧的穿杆帘布可延伸至窗子顶部，同其上的垂饰组成了一幅完整的窗帘。

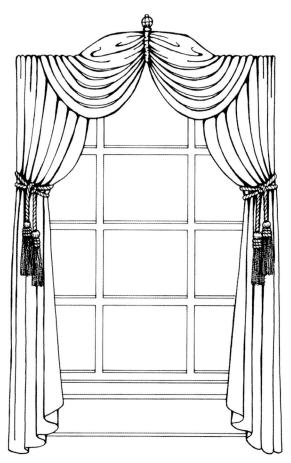

编织系绳上的大流苏吊穗使人们在视觉上对这款简单而又漂亮的窗饰产生兴趣。

这款简单却优雅的窗饰通过在一个缩褶花彩和堆叠的加长垂饰上加上金丝流苏边和玫瑰花饰实现。

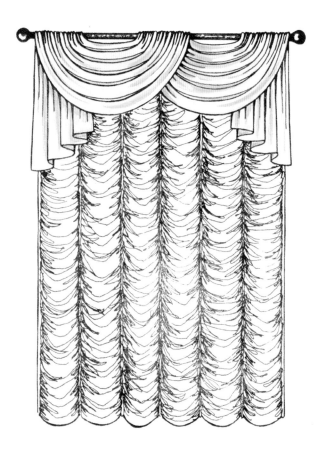

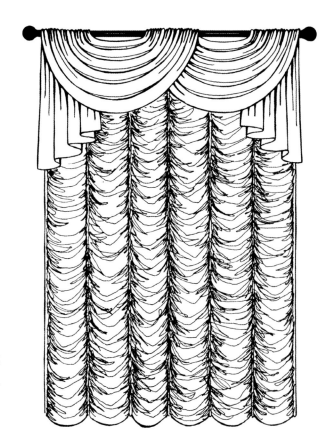

奥地利帘在帘杆上的花彩和下面的垂饰，看上去十分美丽。

这款窗饰对花彩的运用别具匠心，它使用了两大一小三个缩褶花彩；加长的褶裥，镶边的垂饰，这一新颖的造型是经设计师精心设计的。

褶裥精巧的垂饰沿着固定帘布外侧向两边垂落，与上方的线形花彩相配而更显美观。

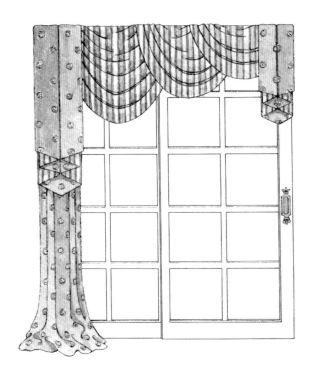

不对称的两边垂饰和三个大小不同的花彩创造出了一款真正的定制门饰。加上一侧的堆地固定帘布,整款门帷显得十分独特。

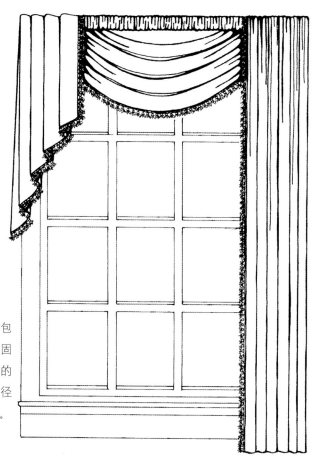

这款简洁明了的窗饰包括花彩、褶裥垂饰和固定帘布,都镶着精巧的流苏边,还有一根直径7.5厘米的包布窗帘杆。

这款窗饰有不对称的花彩和两个不对称的垂饰，还有侧帘，是针对玻璃拉门的完美方案。注意窗饰的主体是在固定门一侧的。

帘杆上镶流苏丝边、带编结吊穗的不对称花彩具有古典美。

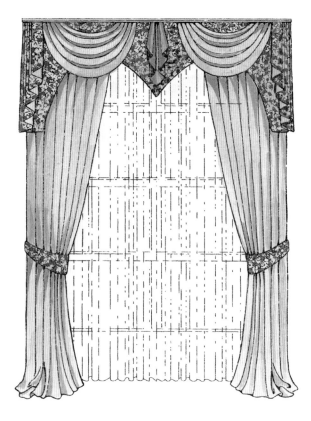

透明薄帘能淡化可能不好
看的窗景。一款精巧的花
彩和垂饰窗饰、软檐板式
窗帘盒和帘布都能很好地
吸引目光与分散注意力。

褶裥帘布和顶部翻转过来
的钟绳样式的装饰衬托出
帘杆上经典的花彩。

带小巧的蝴蝶结的双层花彩覆盖在
一套双层帘布上：一层印花，一层
单色。漂亮的流苏吊穗系绳将帘布
拉开系起，直到夜幕降临。

精细的檐板式木质窗帘盒中挂着
带吊穗装饰的流苏边垂饰花彩和
顶饰。帘布前沿镶着穗带，底下
的金丝流苏边掠过地面。

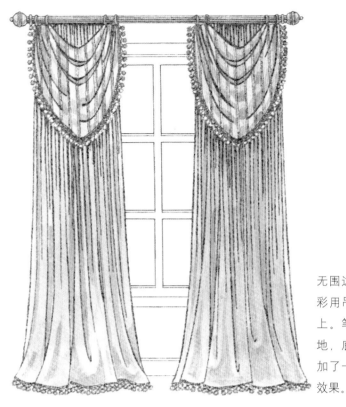
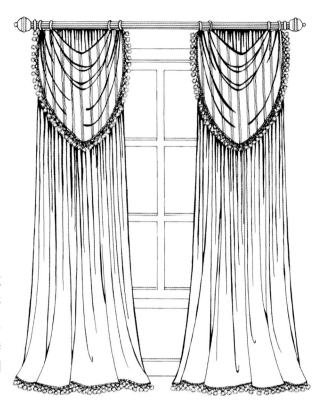

无围边的褶裥镶边花彩用吊环装在窗帘杆上。笔形褶裥窗幔曳地，底边上的流苏添加了一种淡淡的戏剧效果。

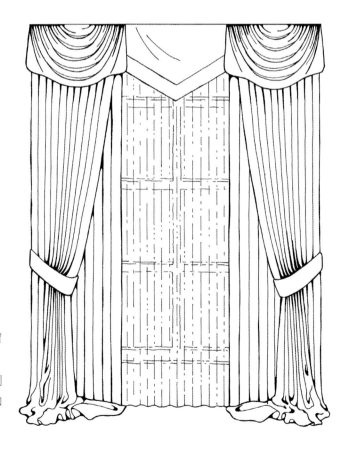

由五部分组成的窗饰：透明薄衬帘、平移帘、固定侧帘、两侧的花彩和三角短幔。

带烛台形装饰的檐板式木质窗帘盒垂挂着扇边花彩，镶着一圈流苏边饰，还带有刷状流苏。配套的帘布用流苏吊穗编绳系起。

式样精巧的花彩自然地悬垂于檐板式木质小窗帘盒下，两端的垂饰带有奢华的流苏边。下面带穗带流苏系带的窗幔使窗饰完整。

板式花彩与垂饰

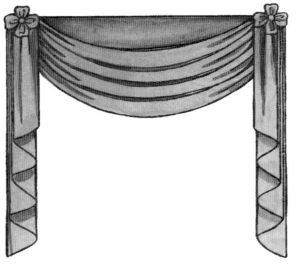

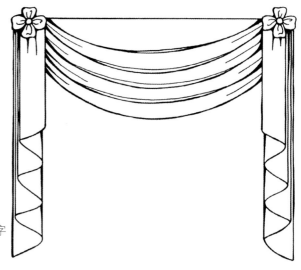

带堆叠垂饰和马耳他十字装饰的经典板式花彩。

经典板式缩褶花彩与垂饰。

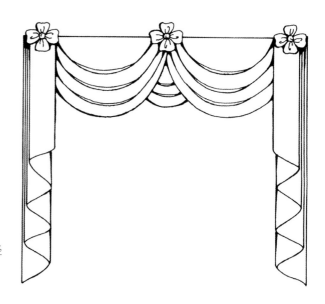

带马耳他十字装饰的经典板式花彩与垂饰。

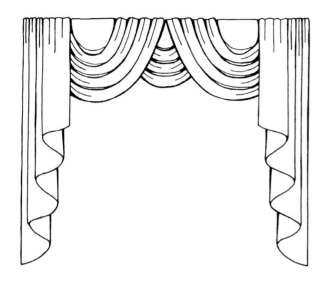

简单的板式花彩与
垂饰。

带中间垂饰和马耳他
十字装饰的板式花彩
与垂饰。

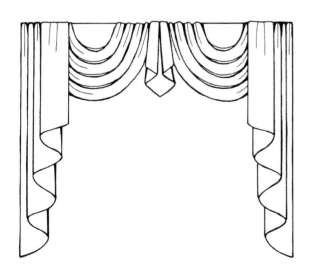

简单的板式花彩：侧垂
饰和中间垂饰。

中间带蝴蝶结垂饰的
缩褶花彩与垂饰。

中间带蝴蝶结的皱褶饰
边花彩与两侧的垂饰。

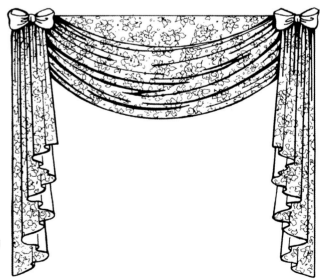

有对比衬里和蝴蝶结的
板式花彩与垂饰。

中心带垂饰的褶裥花彩两侧有堆叠垂饰。注意成套的纽扣装饰。

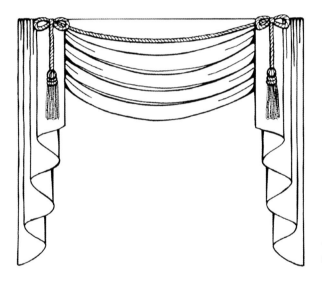
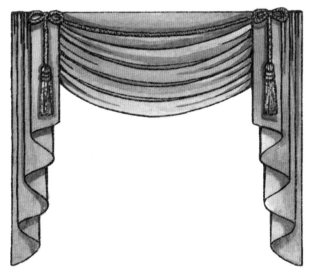

点缀着吊穗与穗带的板式花彩与垂饰

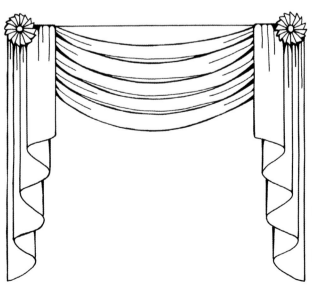

板式花彩两边有柔软的垂饰，顶角上有玫瑰花饰。

挂杆花彩与垂饰

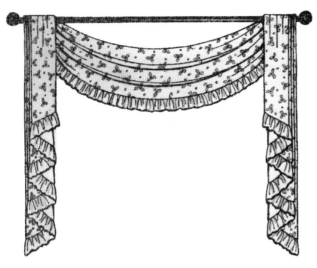
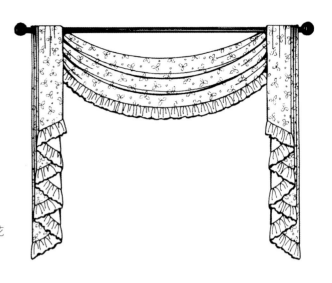

简单的褶饰边挂杆花彩与垂饰。

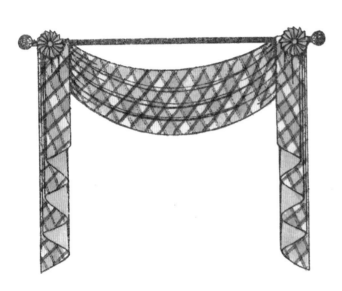
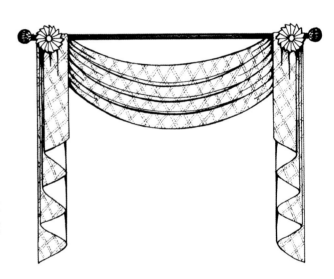

带对比衬里和玫瑰花饰的挂杆花彩与垂饰。

带刷状流苏边和玫瑰花饰的挂杆堆叠垂饰与褶裥花彩。

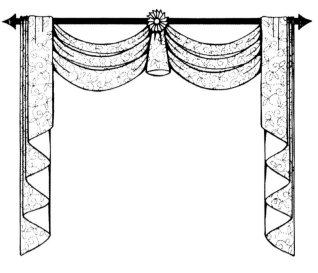

带对比衬里和中心玫
瑰花饰的挂杆花彩与
垂饰。

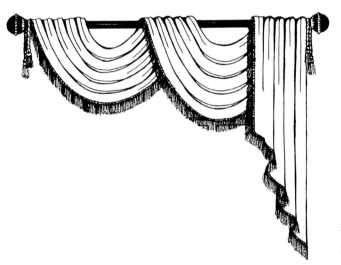

不对称挂杆流苏丝边
花彩。

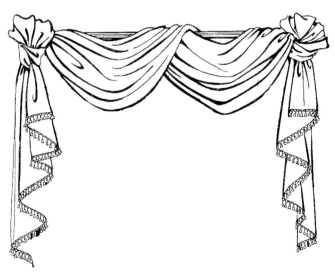

两个角上打成装饰结
的随意的挂杆花彩。

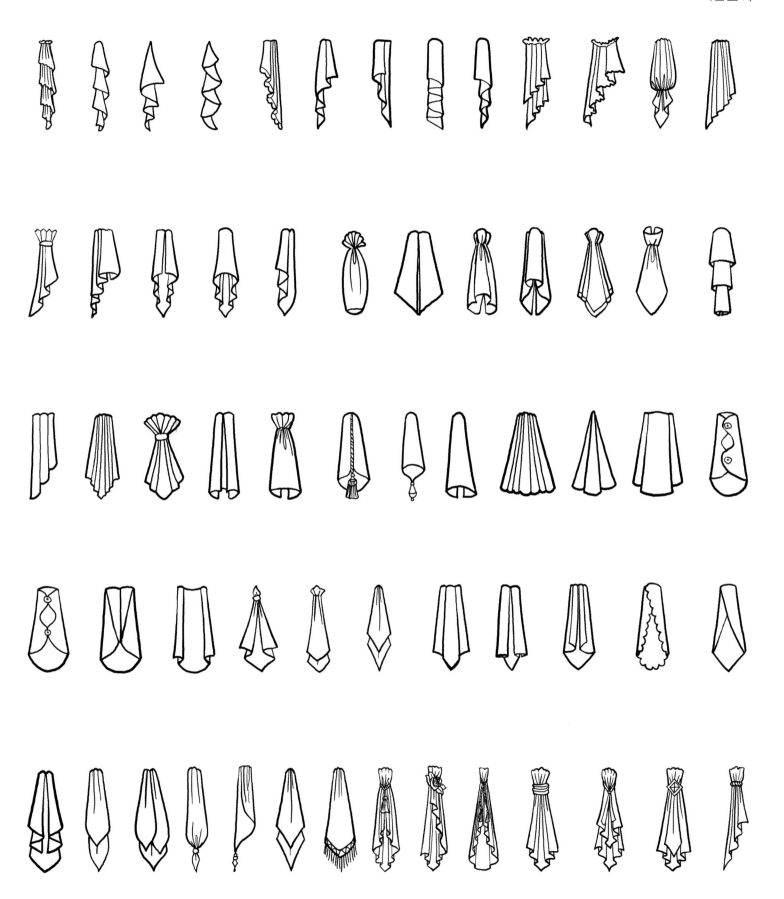

花彩与垂饰的尺寸规格

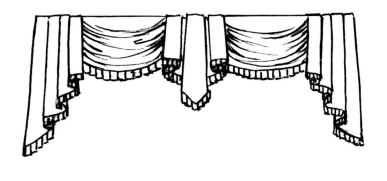

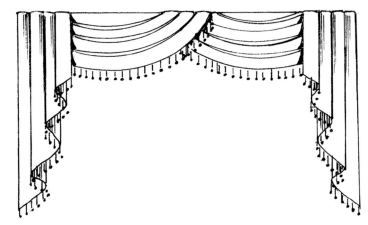

传统单或双垂饰尺寸

①有对比面料衬里的单对垂饰:

长度:(FL(成品长度,或较长处长度)+10厘米)÷91.44=尺寸。

双垂饰,则将计算结果乘以2。

②衬里:

长度:(FL(成品长度,或较长处长度)×2+10厘米)÷91.44=尺寸。

短垂饰尺寸:

为每个短垂饰留出大约1/3码布料。(1码=91.44厘米)

特别说明

(1) 计算术语详见81页。

重叠的花彩从窗子上优雅地垂下,庄重典雅。窗子顶部垂下的布料通常像一个横过来的"C"的样子,花彩有时带有竖的垂饰或"尾饰"自然地悬于任意一边。

尺寸:传统花彩和垂饰

平纹花彩—达102厘米有对比衬里的花彩需1.5码,如用同样的布做衬里,则需3码。102厘米到152厘米的花彩需2码,如用同样的布做衬里,则需4码。152厘米以上的花彩,咨询专业窗幔工作室,因为这些花彩可能需要对面料进行"横转"处理,尺寸计算也会很复杂。

需要考虑的因素

•花彩种类:褶裥、缩褶还是箱形褶

•衬里或同布衬里的颜色

•同一间房内涉及花彩的窗子尺寸

•法式门需留出的间隙

•前后距

特别说明

(1) 花彩宽度在76厘米到102厘米之间最为美观。

(2) 建议请工作室再进行一次测量。

(3) 凸窗用线形花彩更好。

(4) 计算术语详见81页。

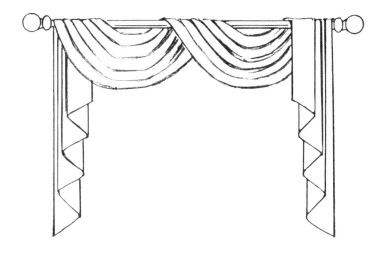

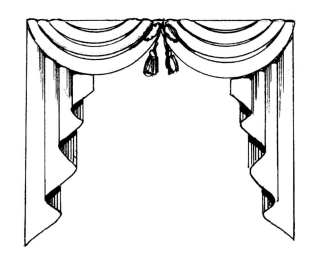

花彩从装饰杆上垂下，构成布料似乎是随意地搭在杆上的样子，或构成一个像是装在木头、熟铁或圆雕饰上的大花彩。

尺寸：现代花彩

一个花彩

（所要覆盖的区域的宽度＋30%）÷91.44＝尺寸

一个以上花彩：

所要覆盖的区域的宽度×1.5÷91.44＝尺寸

需要考虑的因素

•衬里颜色

•花彩宽度和垂度

•花彩个数

•装在圆雕饰、熟铁还是窗帘杆上

特别说明

(1) 这些花彩通常按照面料的直纹来裁剪。带有明显方向性印花的面料都不适合。

(2) 对这种花彩来说，比例很重要。

(3) 建议测量值由工作室核对。

(4) 若用于凸窗，咨询专业人士。

(5) 计算术语详见81页。

这些花彩接合在一起而不重叠；因此，它们通常需要垂饰、短垂饰和玫瑰花饰来隐藏线脚、帘头或不好看的五金件。对重叠花彩难装而又不适当的凸窗来说，线形花彩是很好的选择。线形花彩不需要互相"接触"；如果使用双垂饰，花彩可以分开一些距离，以便节省尺寸和人力（见上图）。

尺寸：线形花彩

平纹花彩—达102厘米有对比衬里的花彩需1.5码，如用同样的布做衬里，则需3码。102厘米到152厘米之间的花彩需2码，如用同样的布做衬里，则需4码。152厘米以上的花彩，咨询专业窗幔工作室，因为这些花彩可能需要对面料进行"横转"处理，尺寸计算也会很复杂。（1码=91.44厘米）

需要考虑的因素

•衬里或同布衬里的颜色

•有对比或同布衬里的短垂饰和垂饰

•涉及同一房内其他窗口的宽度和长度

•花彩个数和种类

•前后距（如果有）

特别说明

(1) 为了获得适合的比例，与工作室商议。

(2) 计算术语详见81页。

遮光布帘

从维多利亚风格到装饰艺术风格再到现代风格，遮光布帘几乎对每一种装饰风格都有相称的贡献。它们的简单性使其能与其他窗饰共存，而它们经典的外形让它能够单独装饰窗子。遮光布帘对形状特殊的窗子，如凸窗和弓形窗尤其合适，能为它们增光添彩。在儿童房内，遮光布帘可确保房间不透光而舒适，在厨房里，遮光布帘因为没有衬布，保证了面料上不会留有气味。

要选择最适合你的室内装饰的遮光布帘，仔细地考虑每一种式样，以及其升降装置。例如，奥地利帘在完整的外观上既有横向缩褶也有竖向缩

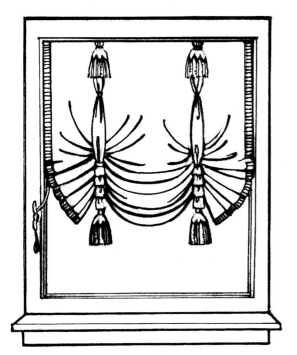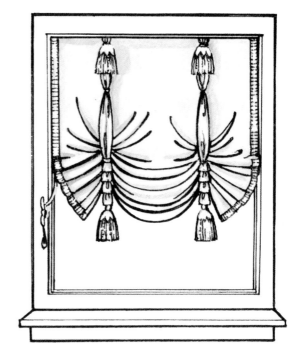

有褶饰边和流苏吊穗的气球帘

大教堂式A字形云状帘

褶。帘布放下时，它们能为窗帘提供花彩的效果，拉上去时则显得很像短幄。

罗马帘则呈现出更多的现代感。凭着清晰的轮廓和简洁明了，剪裁讲究的边缘，这种遮光帘成为具有吸引力的单独窗饰。它的简单性使它也能与更华丽的窗幄或短幄共存。卷帘经济实惠、简单实用。通常，遮光帘的前沿配有流苏、吊穗和其他漂亮的装饰。选择很多！

伦敦帘：无裥遮光
帘向上拉起形成优
雅的褶层。

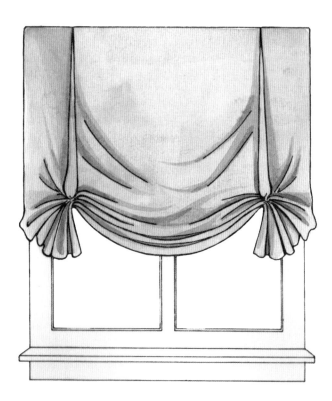
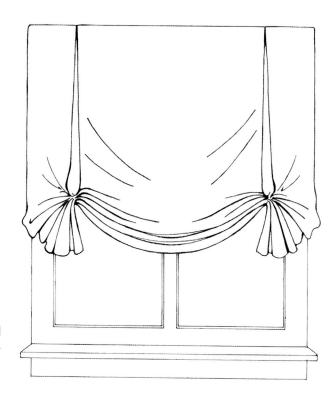

伦敦帘：与上图相
同的式样，但是有
褶裥。

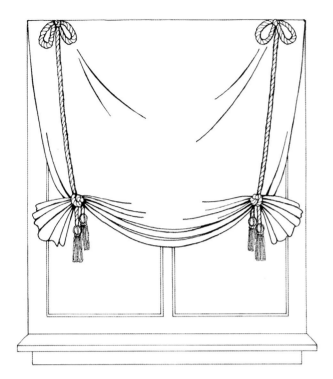

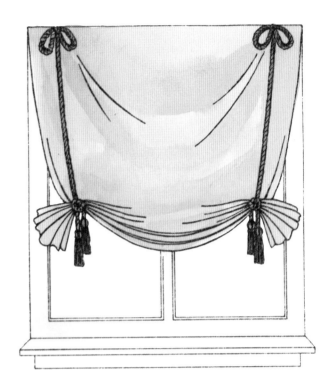

有绳子的伦敦帘。

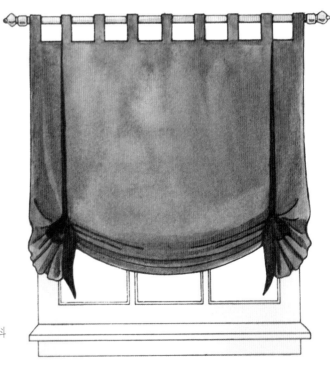

带褶裥和对比布料
的吊带伦敦帘。

无裥罗马帘外是顶部
有褶饰的扇形边缩褶
短幔，可以看到罗马
帘的拉动装置。

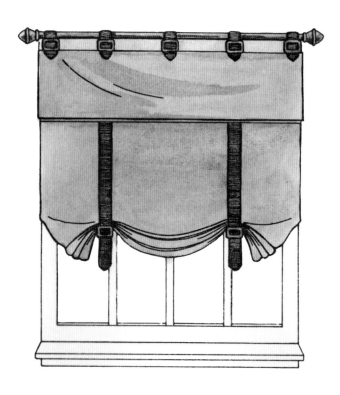

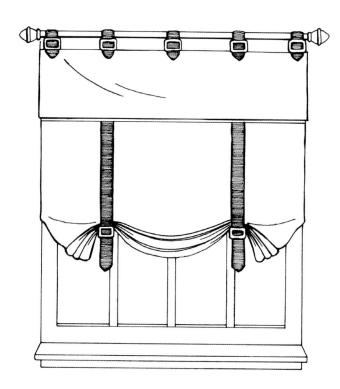

用皮带吊在适当高
度的罗马帘。同样
注意顶上的皮带扣
式吊带。

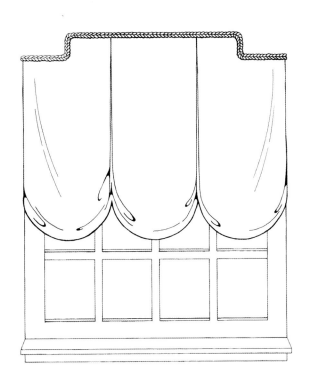

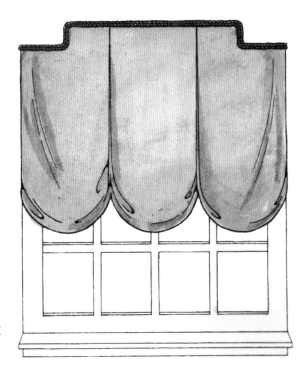

这款气球帘的独特亮点是被
剪切掉一部分的帘角。

有墙纸镶件的檐板式木窗
帘盒为抽褶气球帘提供了
无缝安装。

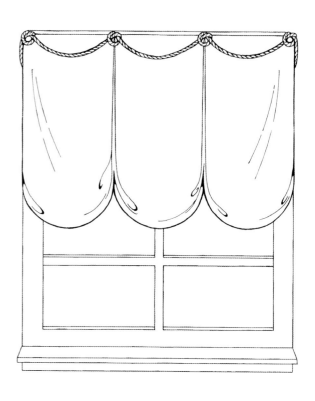

有穗带装饰的褶裥气
球帘。

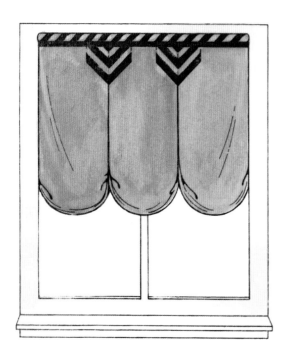

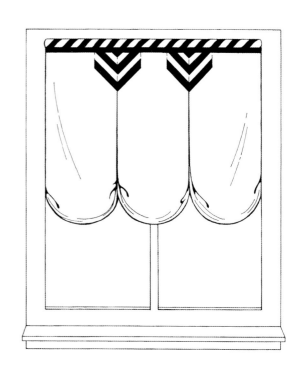

显眼的三角饰件将人们的
目光吸引到窗子与它的气
球帘上。

经典的气球帘上有檐板
式沙漏形抽褶窗帘盒。

外形简单而经典的气球帘。

穿杆花彩云状帘。

抽褶云状帘映衬着配
套的女罩衣式短幔。

内带宽大花彩的云状帘。

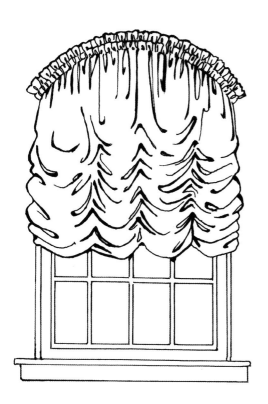
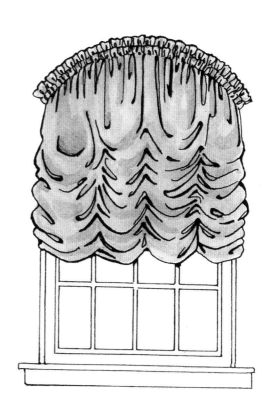

拱顶云状帘。

双重穿杆褶饰底边云
状帘。

褶饰底边云状帘。

三角形互相覆盖的
短幔是印花罗马帘
的好伴侣。

有对比镶边的扇形
底边吊带罗马帘。

无裥罗马帘。

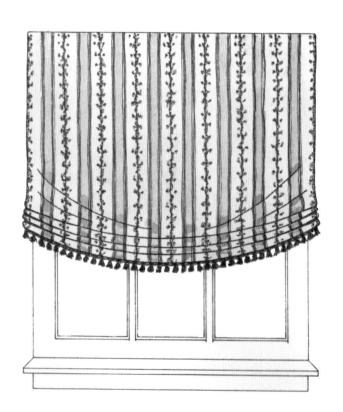

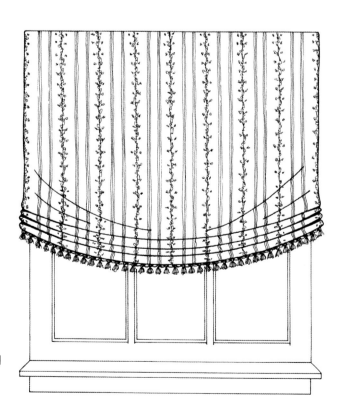

有拱形饰边的无裥
罗马帘。

有对比条形装饰的马车式遮光帘。

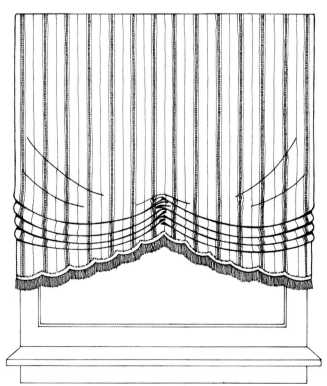

镶边无裥罗马帘。

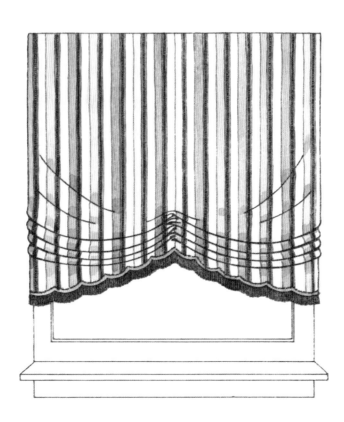

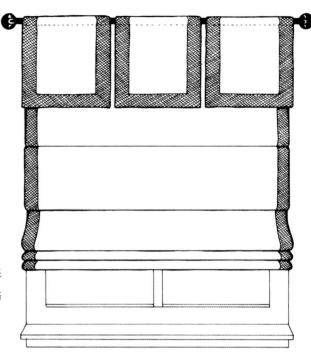

简单的无裥罗马帘上拉形
成优雅的褶层。穿杆旗饰
为正面增添了趣味。

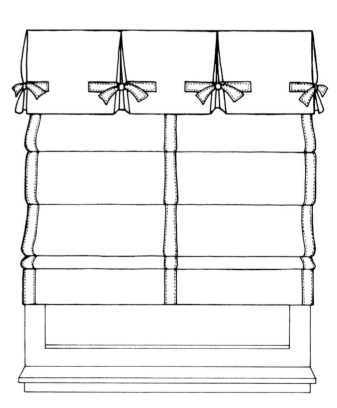

有对比条形装饰的
罗马帘和用蝴蝶结
装饰的反褶短幔。

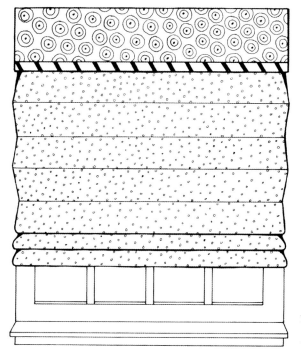
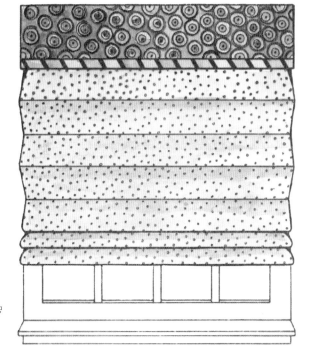

活泼的面料组合改变了罗马帘的外观。

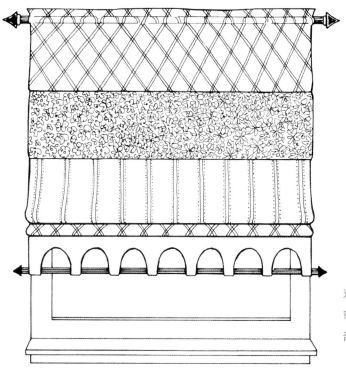

对比面料组合遮光帘,顶部穿杆,底部是倒吊带。

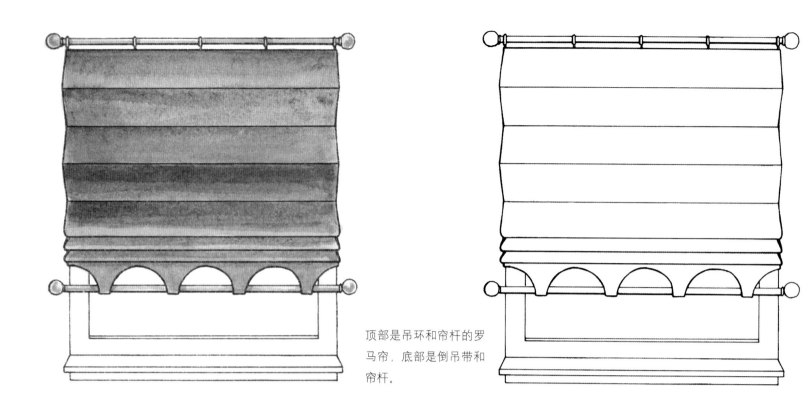

顶部是吊环和帘杆的罗马帘，底部是倒吊带和帘杆。

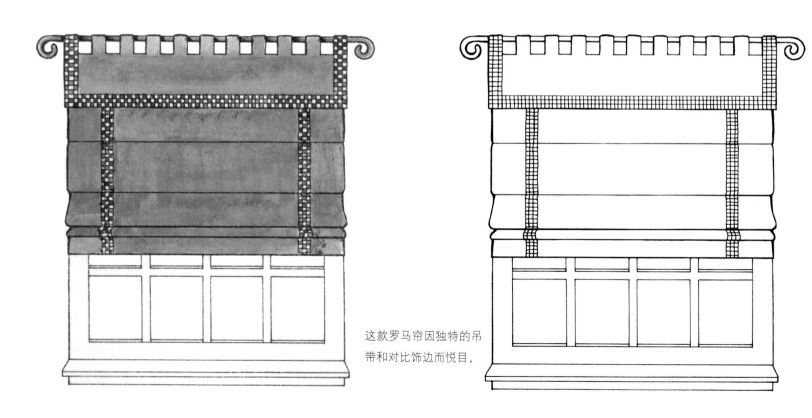

这款罗马帘因独特的吊带和对比饰边而悦目。

带玫瑰花饰的褶裥
云状罗马帘。

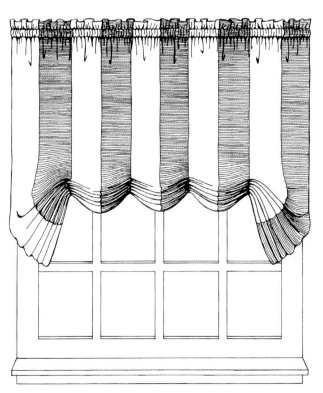

柔软的特色穿杆遮
光帘。

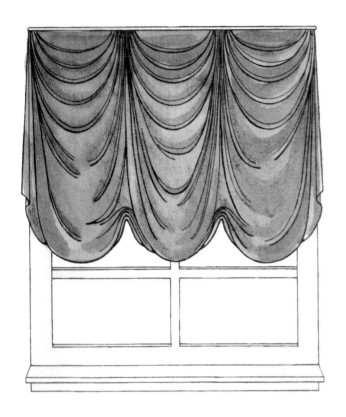

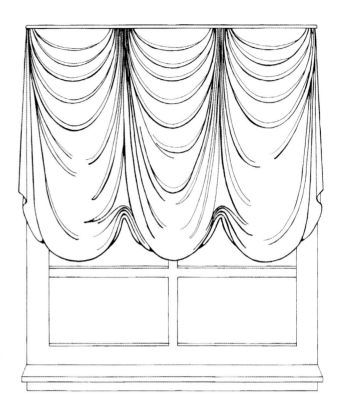

悬挂装置隐藏的
云状帘。

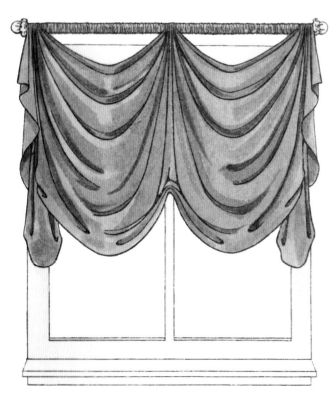

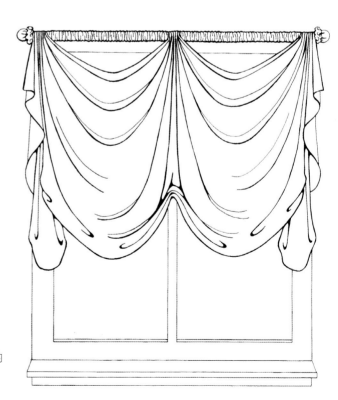

包抽褶布帘杆上的
花彩式遮光帘。

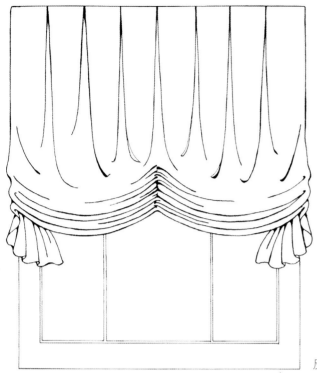

反转箱形褶罗马帘。

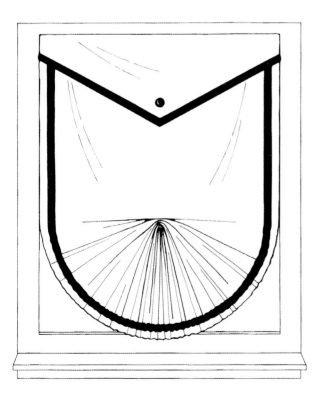

顶部有三角形短幔的特色
扇形遮光帘。

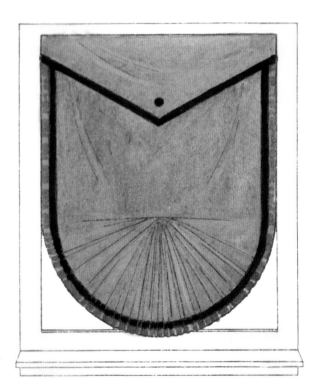

其他遮光布帘式样

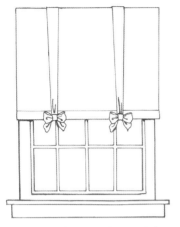

带装饰结的系带马车式遮光帘

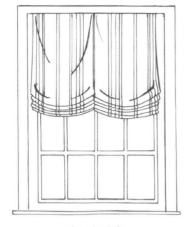

宽褶气球帘

专门设计的云状帘

缩皱在帘杆上顶部有褶饰的云状帘

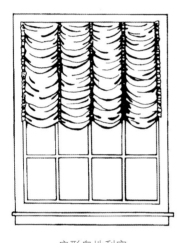

扇形奥地利帘

10厘米抽褶云状帘

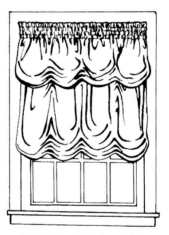

带配套短幔的抽褶云状帘

底边打褶膨起的反褶气球帘

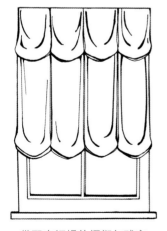

带配套短幔的褶裥气球帘

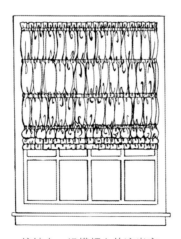

缩皱在一组横杆上的遮光帘

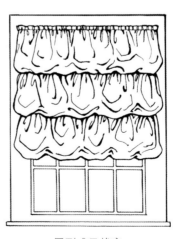

层列式云状帘

底边呈拱形的气球帘

带黄铜扣眼、前方有绳饰的无裥罗马帘　　自上而下的罗马帘　　有迷你褶裥的罗马帘　　无褶罗马帘

大小褶裥交替的罗马帘　　横折式无裥罗马帘　　折层重叠的罗马帘　　柔软的小折层罗马帘

帘身和短幔都有条纹装饰的罗马帘　　有连接件的条纹装饰的罗马帘　　有褶层饰边的穿杆云状帘　　窗帘盒下的镶边遮光帘

遮光帘规格

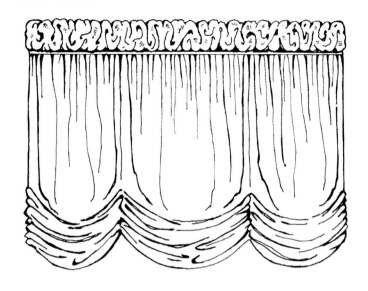 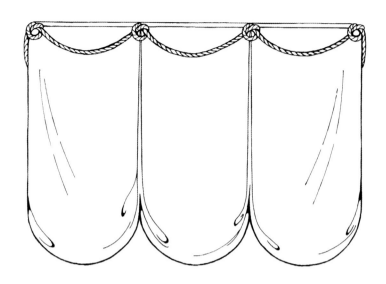

带缩褶帘头、底部打褶膨起、功能齐全的遮光帘，可带也可不带帘摆。

为了获得更为简洁明了的外观，有大反褶的功能齐全的遮光帘，被打褶鼓起的部分柔化。

云状帘

尺寸计算

步骤1：

（所覆盖的区域的宽度 + 前后距）×2.5 ÷ 布料宽度 = 布幅数（只取整数）

步骤2a：

布幅数 ×（遮光帘长度 + 50厘米）÷ 91.44 = 无重复图案的码数

或者

步骤2b：

（遮光帘长度 + 50厘米）÷ 重复图案长度 = 需要的重复图案数（进为最接近的整数）

步骤2c：

需要的重复图案数 × 重复图案长度 = 裁剪长度

步骤2d：

布幅数 × 裁剪长度 ÷ 91.44 = 有重复图案的码数

需要考虑的因素

·宽度

·长度

·衬里颜色

·内侧还是外侧安装

·有无帘摆

·前后距或板的尺寸

·安装在天花板还是墙壁上

·向左还是向右拉动

气球帘

尺寸计算

步骤1：

（所需覆盖的区域的宽度 + 前后距）×3 ÷ 布料宽度 = 布幅数（只取整数）

步骤2a：布幅数 ×（遮光帘长度 + 50厘米）÷ 91.44 = 无重复图案的码数

或者

步骤2b：（遮光帘长度 + 50厘米）÷ 重复图案长度 = 需要的重复图案数（进为最接近的整数）

步骤2c：需要的重复图案数 × 重复图案长度 = 裁剪长度

步骤2d：布幅数 × 裁剪长度 ÷ 91.44 = 有重复图案的码数

需要考虑的因素

·宽度

·长度

·衬里颜色

·内侧还是外侧安装

·有无帘摆

·前后距或板的尺寸

·安装在天花板还是墙壁上

·向左还是向右拉动

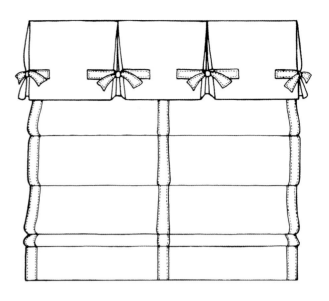

这款直挂式多功能遮光帘，拉升时会折叠起来。罗马帘适合很多不同装饰，从现代的到传统的，再到正式的。要使遮光帘更引人注目，在底部使用有对比感的镶边、扇形边或单个固定的褶裥。

折叠的罗马帘被设计成整个帘布的折层重重叠叠瀑布似地垂下。

无褶罗马帘

尺寸计算

步骤1：

（所需覆盖的区域的宽度+13厘米）÷布料宽度=布幅数（只取整数）

步骤2a：

布幅数 × （覆盖区域的长度+30厘米）÷91.44=无重复图案的码数

或者

步骤2b：

（遮光帘长度+30厘米）÷重复图案长度=需要的重复图案数（进为最接近的整数）

步骤2c：

需要的重复图案数 × 重复图案长度=裁剪长度

步骤2d：

布幅数 × 裁剪长度 ÷91.44=有重复图案的码数

需要考虑的因素

•宽度

•长度

•衬里颜色

•内侧还是外侧安装

•向左还是向右拉动

特殊说明

(1) 罗马帘长宽建议不要超过213厘米。

(2) 不带前后距。

折叠罗马帘

尺寸计算

步骤1：

(所需覆盖的区域的宽度+13厘米) ÷ 布料宽度=布幅数（只取整数）

步骤2a：

布幅数 × （覆盖区域长度 × 2.5）÷91.44=无重复图案的码数

或者

步骤2b：

遮光帘长度 × 2.5 ÷ 重复图案长度=需要的重复图案数（进为最接近的整数）

步骤2c：

需要的重复图案数 × 重复图案长度=裁剪长度

步骤2d：

布幅数 × 裁剪长度 ÷91.44=有重复图案的码数

需要考虑的因素

•宽度

•长度

•衬里颜色

•内侧还是外侧安装

•向左还是向右拉动

特别说明

(1) 建议折叠罗马帘宽度不超过152厘米、长度不超过213厘米。

(2) 由于面料的性质，折层并非均匀地挂着，因此建议不要将两个或两个以上遮光帘并排使用。

(3) 不带前后距。

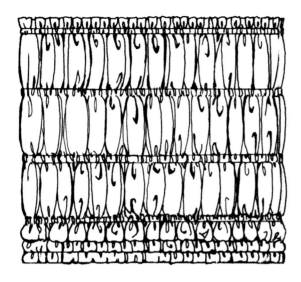

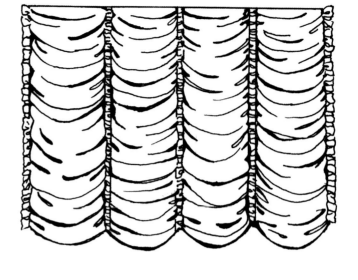

一组帘杆上的抽褶布料制作成十分优雅又具有功能性的遮光帘，使传统罗马帘的外观增加了浪漫感。

由扇形帘布中间纵向分布的抽褶创造出的柔软的窗饰。

抽褶罗马帘

尺寸计算

步骤1：

所需覆盖的区域的宽度 × 3 ÷ 布料宽度 = 布幅数（只取整数）

步骤2a：

遮光帘长度 × 1.25 × 布幅数 ÷ 91.44 = 无重复图案的码数

或者

步骤2b：

遮光帘长度 × 1.25 ÷ 重复图案长度 = 需要的重复图案数（进为最接近的整数）

步骤2c：

需要的重复图案数 × 重复图案长度 = 裁剪长度

步骤2d：

布幅数 × 裁剪长度 ÷ 91.44 = 有重复图案的码数

需要考虑的因素

•宽度

•长度

•绳子向左还是向右拉动

•内侧还是外侧安装

•衬里颜色（如可用）

特殊说明

(1) 为获得最佳效果，建议只使用柔软有垂感的面料。

(2) 这款窗饰不带前后距，因此拟单独使用或作为衬帘使用。

(3) 建议宽度不超过152厘米。

奥地利帘

尺寸计算

步骤1：

所需覆盖的区域的宽度 × 1.5 ÷ 布料宽度 = 布幅数（只取整数）

步骤2a：

布幅数 ×（覆盖区域的长度 × 3） ÷ 91.44 = 无重复图案的码数

或者

步骤2b：

覆盖区域的长度 × 3 ÷ 重复图案长度 = 需要的重复图案数（进为最接近的整数）

步骤2c：

需要的重复图案数 × 重复图案长度 = 裁剪长度

步骤2d：

布幅数 × 裁剪长度 ÷ 91.44 = 有重复图案的码数

需要考虑的因素

•宽度

•长度

•衬里颜色（如可用）

•内侧还是外侧安装

•绳子向左还是向右拉动

特别说明

(1) 这种窗饰有拉紧两边的倾向，如在使用中会带来麻烦，建议不要使用。

(2) 如果要有私密性，用较厚重的面料，要看起来更有装饰性，用透明薄纱或蕾丝面料。

(3) 可单独使用，也可结合窗幔或短幅使用。

安装在外侧或墙壁上

宽度：测量要覆盖的区域的精确宽度。建议遮光帘两边都比实际窗口宽5厘米。制作商提供遮光帘的成品宽度，不做留量。

长度：测量要覆盖的区域的长度，在窗顶给帘头板和托架留出至少6.4厘米。此时你可将遮光帘的堆叠量考虑进去，并在你的长度测量中留出。制作商提供遮光帘的成品长度，不做留量。

内侧或嵌壁式安装

宽度：测量窗口顶部、中间和底边的宽度。定制时采用其中的最小值。在订单上注明是否已留出外侧空隙。如果没有留出空隙，制作商会将总宽度减去0.6厘米。

长度：测量窗子高度要从窗子开口顶部量到窗台顶部，长度不无留量。

安装要求：

· 注明拉绳位置在左还是在右。如果没有具体说明，拉绳会被装在右边。

· 注明拉绳长度（绳子的长度需要在遮光帘完全放下时容易够到）。如果没有具体说明，拉绳长度将为遮光帘长度的约三分之一。

· 对于云状帘和气球形帘，注明给出的长度是膨起部分的高处还是低处。

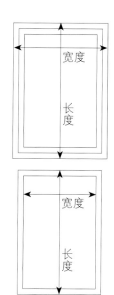

遮光布帘平方米表

遮光帘长度(厘米) ╲ 遮光帘宽度(厘米)	60 76 91	107 122 137	152 168 183	198 213 229	244 259 274	290 305 320	335 351 366
76	0.9 0.9 0.9	0.9 0.9 1.05	1.16 1.28 1.39	1.51 1.63 1.74	1.86 1.97 2.09	2.21 2.32 2.44	2.55 2.67 2.79
91	0.9 0.9 0.9	0.98 1.11 1.25	1.39 1.53 1.67	1.81 1.95 2.09	2.23 2.37 2.51	2.65 2.79 2.93	3.07 3.21 3.34
107	0.9 0.9 0.98	1.14 1.3 1.46	1.63 1.79 1.95	2.11 2.28 2.44	2.6 2.76 2.93	3.09 3.25 3.41	3.58 3.74 3.90
122	0.9 0.9 1.11	1.3 1.49 1.67	1.86 2.04 2.23	2.42 2.60 2.79	2.97 3.16 3.34	3.53 3.72 3.90	4.09 4.27 4.46
137	0.9 1.05 1.25	1.46 1.67 1.88	2.09 2.30 2.51	2.72 2.93 3.14	3.34 3.55 3.76	3.97 4.18 4.39	4.60 4.81 5.02
152	0.9 1.16 1.39	1.63 1.86 2.09	2.32 2.55 2.79	3.02 3.25 3.48	3.72 3.95 4.18	4.41 4.65 4.88	5.11 5.34 5.57
168	1.02 1.28 1.53	1.79 2.04 2.30	2.55 2.81 3.07	3.32 3.58 3.83	4.09 4.34 4.60	4.85 5.11 5.37	5.62 5.88 6.13
183	1.11 1.39 1.67	1.95 2.23 2.51	2.79 3.07 3.34	3.62 3.90 4.18	4.46 4.74 5.02	5.30 5.57 5.85	6.13 6.41 6.69
198	1.21 1.51 1.81	2.11 2.42 2.72	3.02 3.32 3.62	3.93 4.23 4.53	4.83 5.13 5.43	5.74 6.04 6.34	6.64 6.94 7.25
213	1.3 1.63 1.95	2.28 2.60 2.93	3.25 3.58 3.90	4.23 4.55 4.88	5.20 5.53 5.85	6.18 6.50 6.83	7.15 7.48 7.80
229	1.39 1.74 2.09	2.44 2.79 3.14	3.48 3.83 4.18	4.53 4.88 5.23	5.57 5.92 6.27	6.62 6.97 7.32	7.64 8.01 8.36
244	1.49 1.86 2.23	2.60 2.97 3.34	3.72 4.09 4.46	4.83 5.20 5.57	5.95 6.32 6.69	7.06 7.43 7.80	8.18 8.55 8.92
259	1.58 1.97 2.37	2.76 3.16 3.55	3.95 4.34 4.74	5.13 5.53 5.92	6.32 6.71 7.11	7.50 7.90 8.29	8.69 9.08 9.48
274	1.67 2.09 2.51	2.93 3.34 3.76	4.18 4.60 5.02	5.43 5.85 6.27	6.69 7.11 7.53	7.94 8.36 8.78	9.20 9.62 10.03
290	1.77 2.21 2.65	3.09 3.53 3.97	4.41 4.85 5.30	5.74 6.18 6.62	7.06 7.50 7.94	8.38 8.83 9.27	9.71 10.15 10.59
305	1.86 2.32 2.79	3.25 3.72 4.18	4.65 5.11 5.57	6.04 6.50 6.97	7.43 7.90 8.36	8.83 9.29 9.75	10.22 10.68 11.15
320	1.95 2.44 2.93	3.41 3.90 4.39	4.88 5.37 5.85	6.34 6.83 7.32	7.80 8.29 8.78	9.27 9.75 10.24	10.73 11.22 11.71
335	2.04 2.55 3.07	3.58 4.09 4.60	5.11 5.62 6.13	6.64 7.15 7.66	8.18 8.69 9.20	9.71 10.22 10.73	11.24 11.75 12.26
351	2.14 2.67 3.21	3.74 4.27 4.81	5.34 5.88 6.41	6.94 7.48 8.01	8.55 9.08 9.62	10.15 10.68 11.22	11.75 12.29 12.82
366	2.23 2.79 3.34	3.90 4.46 5.02	5.57 6.13 6.96	7.25 7.80 8.36	8.92 9.48 10.03	10.59 11.15 11.71	12.26 12.82 13.38

©1986凯罗尔著《罗马帘》

遮光帘、百叶窗与百叶帘

到现在为止，本书所说的都是布制品的好处：窗幔、遮光布帘、窗帘、短幔。但"硬"窗饰如百叶帘或百叶窗也十分实用与美观。对于那些喜欢窗子上的造型更清新朴实的人来说，它们提供了很多富有魅力的选择。

厨房里的窗户可用简单的乙烯塑料卷帘，起居室配上木编织帘会很漂亮。书桌上方的窗子可用着色的威尼斯木质百叶帘，朴素的竖向百叶帘则很适合玻璃拉门。凸窗上可考虑采用板条百叶窗。不管您考虑后决定选用哪一种硬窗饰，您选择的遮光帘、百叶帘和百叶窗一定会满足您对视觉效果与光亮控制的需要，带给你平静的私密感。

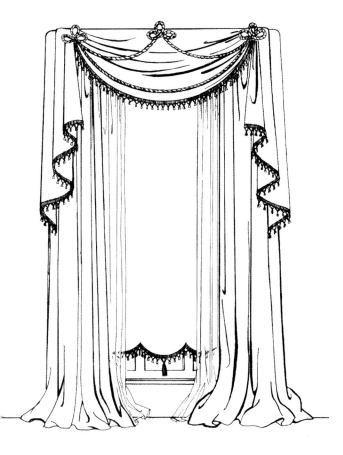

镶边的花彩和垂饰配上相称的卷帘。

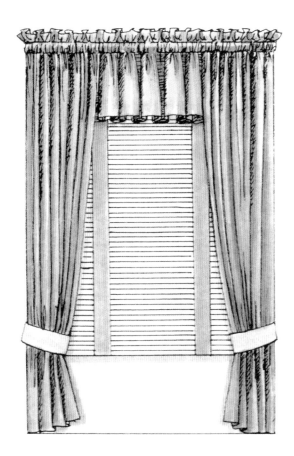

木质百叶帘上系起的穿杆窗幔，配有相称的布带。

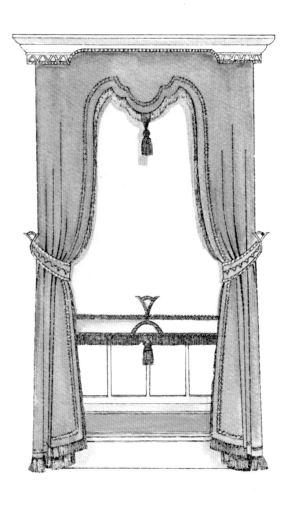

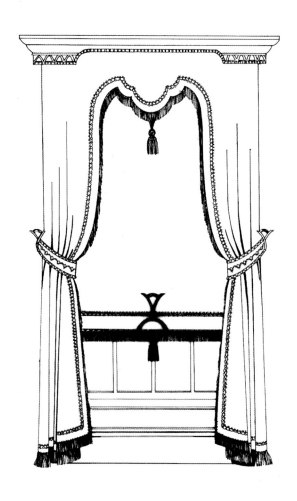

无裥窗幔顶部带有装饰性的木质窗帘盒，后衬饰边卷帘。

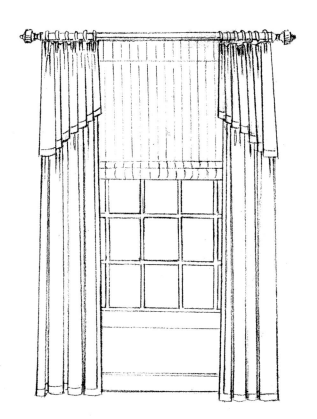

捏褶窗幔饰有不对称的荷叶边，后衬木织帘。

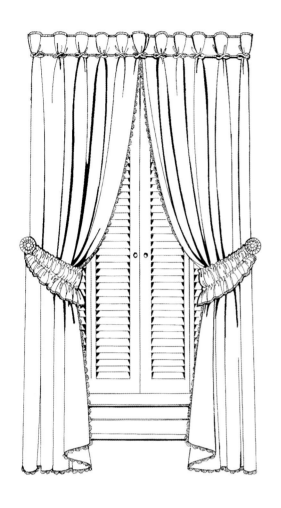

高脚杯褶帘带有褶饰布系带，
十分别致，使坚硬的百叶窗显
得较为柔和。

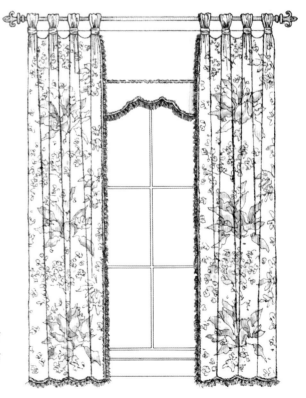

固定的无裥吊带窗幔用缩褶结
悬挂在装饰性帘杆上，后衬饰
边卷帘。

百叶窗

宽幅叶片的百叶窗上方是铅条玻璃

嵌入布料的百叶窗

拱形百叶窗

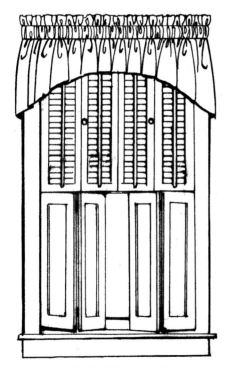

带短幔的坚实百叶窗

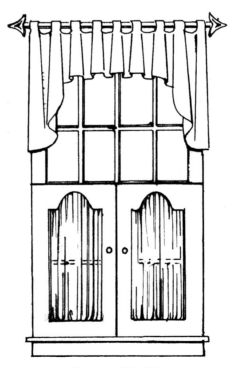

嵌入布料的百叶窗

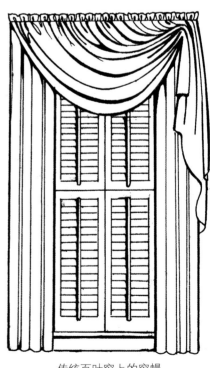

传统百叶窗上的窗幔

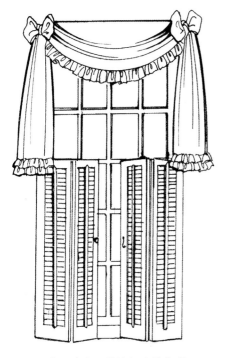

咖啡百叶窗上的镶褶边的花彩

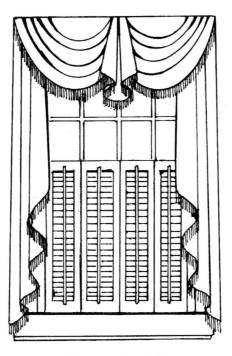

传统百叶窗上的窗幔

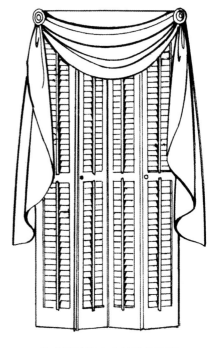

整扇百叶窗上方的双色花彩

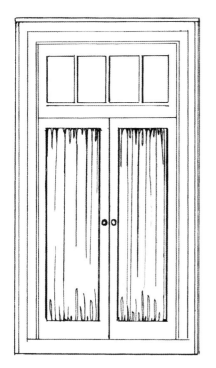

嵌入抽褶帘布的百叶窗

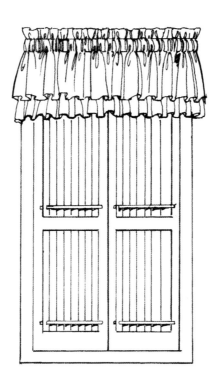

百叶窗上的缩褶短幔

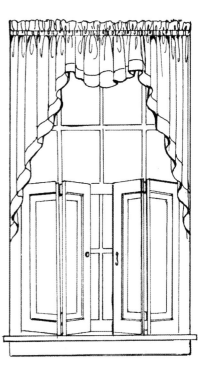

实木百叶窗上的穿杆短幔

木质百叶帘

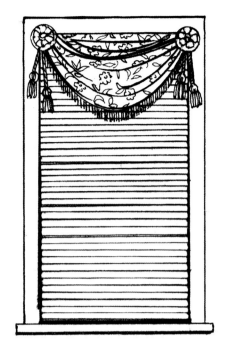

带有吊穗和流苏边的花彩

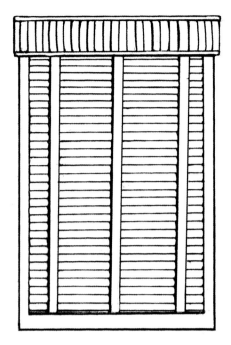

上有窗帘盒、下有宽条带装饰的白色木质百叶帘。

木质百叶窗外的蕾丝扣帘

木质百叶帘及挂在装饰杆上的吊带短幔

木质威尼斯百叶帘上方的拱形缩褶短幔

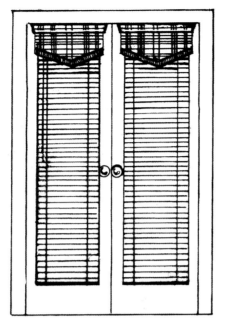

有木质百叶帘和V形短幔的法式门

有云状短幔装饰的木质百叶帘，百叶宽约为2.5厘米。

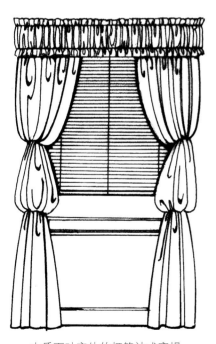

木质百叶帘外的灯笼袖式窗幔

木质百叶帘外是两边有垂饰的布花彩

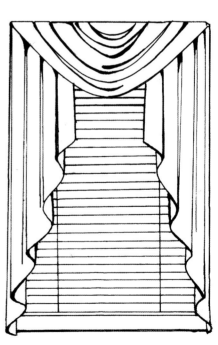

百叶帘上方的下垂式布花彩

竖向百叶帘

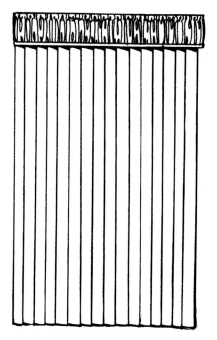

竖向百叶帘上方是简单的檐板式抽褶窗帘盒

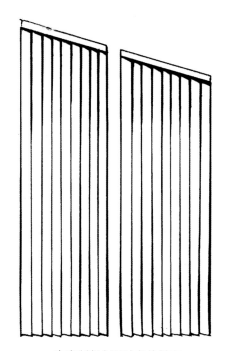

有定制竖向百叶帘的斜窗

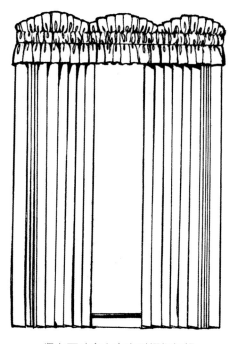

竖向百叶帘上有扇形褶裥短幔

竖向百叶帘上两侧有皱褶垂饰的花彩

竖向百叶帘上有抽褶云状短幔

竖向百叶帘上方，长度及地的布料悬挂
在包有抽褶布的窗帘杆上。

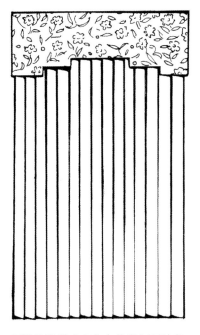

顶部带檐板式窗帘盒的竖向百叶帘

带装饰印花的竖向百叶帘

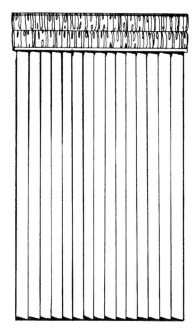

竖向百叶帘上方有檐板式双层缩褶窗帘盒

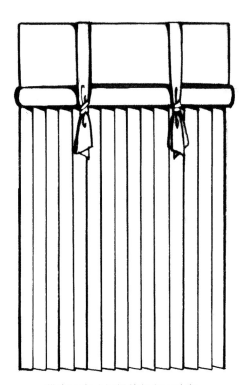

带有马车式短幔的竖向百叶帘

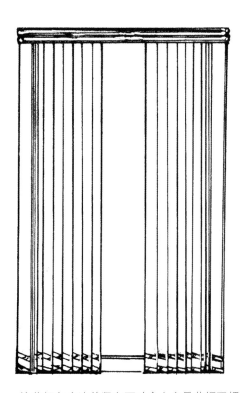

镶黄铜色底边的竖向百叶帘上方是黄铜双杆

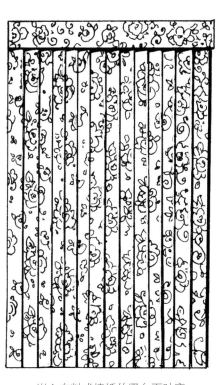

嵌入布料或墙纸的竖向百叶帘

褶裥遮光帘

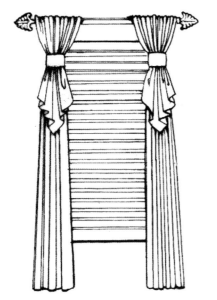

褶裥遮光帘上的窗幔从装饰杆上翻折而过

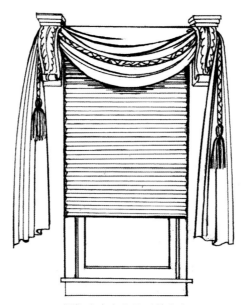

褶裥遮光帘上悬垂着帘布

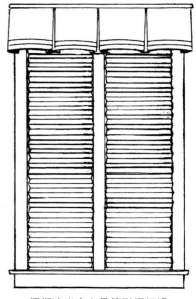

褶裥遮光帘上是箱形褶短幔

褶裥遮光帘上拉起的无裥帘布

褶裥遮光帘上有褶饰边的泡泡裥短幔

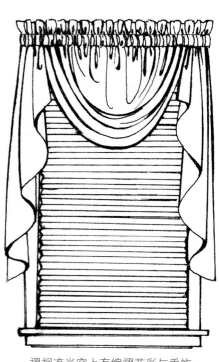

褶裥遮光帘上有缩褶花彩与垂饰

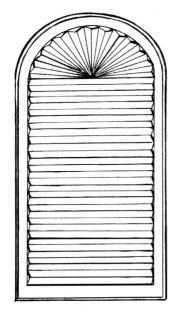

褶裥遮光帘顶部是拱形褶裥遮光帘

装饰杆上的多个蕾丝布花彩

褶裥遮光帘上悬垂着帘布

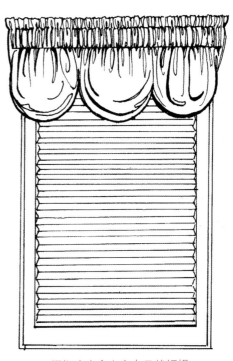

褶裥遮光帘上方有云状短幔

迷你百叶帘

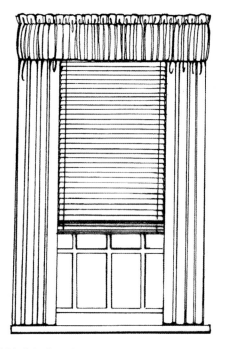

两侧有缩褶帘，木百叶帘上有带褶饰边的穿杆短幔。

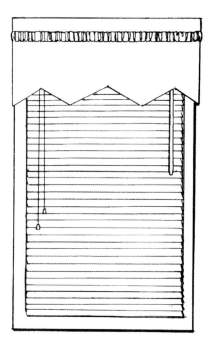

迷你百叶帘上方是独特的几何形状的短幔

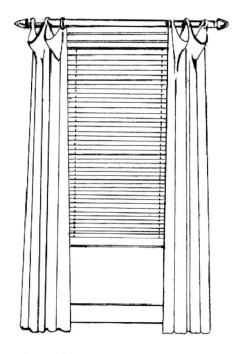

水平百叶帘上用装饰杆悬挂的无裥窗幔

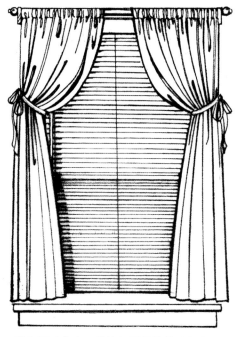

迷你百叶帘上用装饰杆悬挂的蕾丝扣帘

上下都有帘杆的大缩褶短幔

迷你百叶帘上有遮篷式扇形边短幔

底部有贴花的卷帘上方有蝴蝶结缩褶短幔

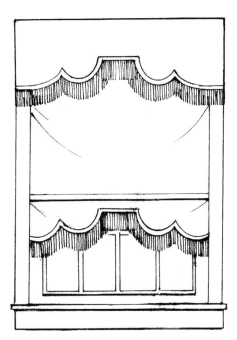

带有短幔的扇形流苏边卷帘

带有短幔的镶穗卷帘

卷帘上方是穿杆缩皱短幔

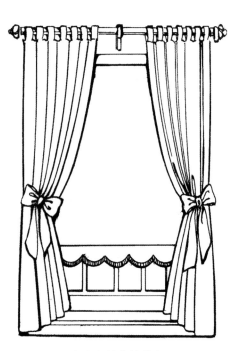

高窗上的传统卷帘

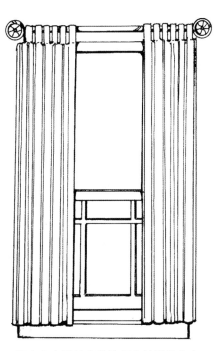

卷帘上方是挂在装饰杆上的吊带窗帘

床饰

对一些人来说，卧室仅是睡眠的场所。而对另一些人来说，它是娱乐室、阅读室或者需要休息时的安静之地。但是，不管人们有多少时间是在卧室里度过，它的样子和氛围都至关重要。幸好，卧室的设计有无数种选择，远远超出在窗幔和百叶窗之间可以做的决定。当你开始为卧室做设计时，你有无限多个起点。但无论挑选窗户、地板还是墙壁作为起点，最后你总要涉及床饰。挑选得当的床饰能不张扬地融入复杂的配色方案中，或能很容易地成为卧室的焦点。如果周围是异国情调的花彩与垂饰组合或者精细的印花窗幔，与房间中缤纷的颜色之一相配

扇形刷状流苏边檐板式帘盒；
奢华的帘布与箱形褶床裙；配
套面料的长靠枕。

缩褶短幔映衬出精致的布顶
篷，有配套的床裙与床帷。

的浅蓝色床罩也许就够了。如要增加更多的联系性，在一个有搭配完美的短幔、周围是简单的墙壁、枕头是浅粉色的房间里，粉色与灰色相间
的条纹棉布床饰能找到一席之地。而当床饰准备成为卧室的中心装饰时，如果窗饰、雕饰衣柜和地毯与别出心裁的设计搭配到位，那么面料就
可以极尽活泼之能事。

提供隐私保护的床幔
位于床每边的两侧。
床饰还包括软檐板式
帘盒、木质顶篷和配
套的床罩。

笔形褶顶饰，带配套
侧帘和吊穗流苏边床
裙；有装饰包布的床
头板。

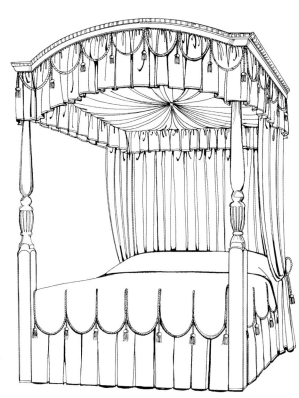

带抽褶布顶篷的弧形箱形褶短幔，带箱形褶床裙的扇形边床罩。

有装饰包布的床头板与缩褶床裙、花彩、垂饰和床幔配套；床顶也有花彩覆盖。

吊带折口窗幔用配套系
带整齐地拢成沙漏状。
配套的床裙和枕头的镶
边使这套床饰更完美。

精致镶边床帷就装在稍微
高出床柱处，然后有机地
裹绕起来。配套的枕头和
寝具突显了这套床饰的奢
华与高雅。

狭长帘布从床的四边垂下，与带刷状流苏的扇形边床罩、缩褶床裙、有装饰的床头板和枕头搭配在一起，构成与众不同的一套床饰。

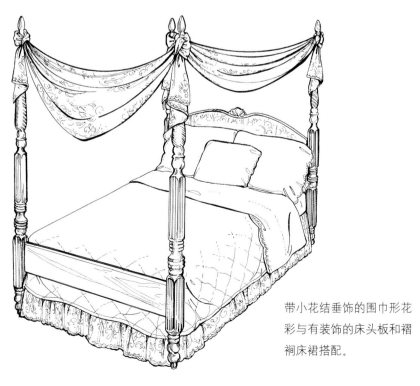

带小花结垂饰的围巾形花彩与有装饰的床头板和褶裥床裙搭配。

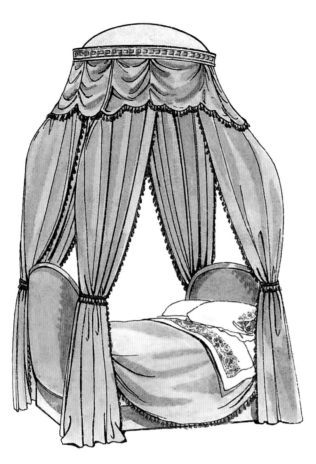
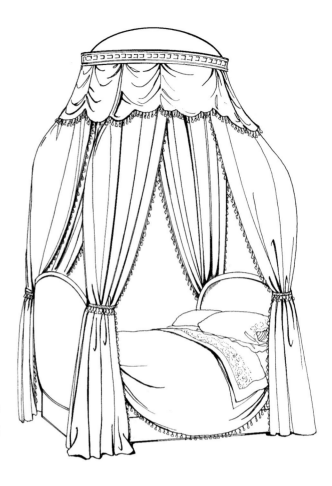

椭圆形床冠搭配奢华床幔和用吊穗与流苏装饰的床罩。

皇冠形床冠搭配双层灯笼袖式床幔、超大流苏吊穗装饰和配套床罩。

皇冠形床冠配有垂饰和蝴蝶结装饰、装饰性褶饰床头板和扇形边缩褶床裙。

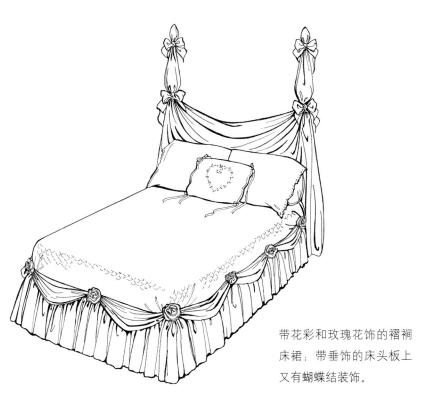

带花彩和玫瑰花饰的褶裥床裙；带垂饰的床头板上又有蝴蝶结装饰。

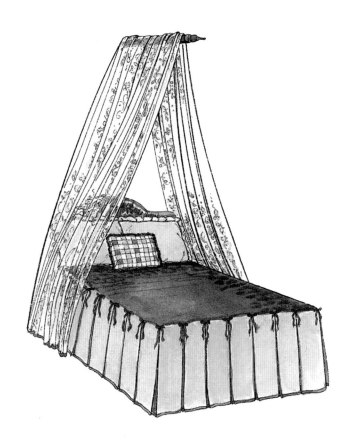

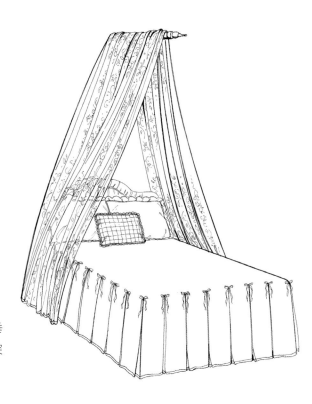

帘布从装饰杆上悬垂
而下；床边的穗饰突
出了箱形褶床罩。

在床头板、床冠上和
床的下沿都能看到褶
饰的布料。褶裥帘布
用装饰帘钩挂起，和
床罩配套。

旗式顶篷面料挂在装饰杆上，装饰杆上悬挂着吊穗绳。有装饰包布的床头板和床尾板，以及扇形刷状流苏边床裙。

褶裥帘布和其上的小扇形边使箱形褶短幔变得柔和。床裙采用密集的深褶。

带花彩和垂饰的半圆形床冠；圆形装饰件从墙上伸出托住床幔；箱形褶床裙上的花彩床罩也与长靠枕配套。

床幔从装饰杆上垂落到床头板上，用大吊穗系带固定；床上有扇形边床裙和长靠枕。

有穗带镶边的床罩和箱形褶床裙；有配套系带的印花床幔和带挡风帘的高脚酒杯褶顶饰；配套的枕头。

围巾形花彩随意地从两根成夹角的装饰杆上垂落。随意摊开的盖被使床饰造型完整。注意床头板与装饰杆布置的呼应。

木质檐板式帘盒装
着褶裥布短幔和帘
布；配套的床裙；
扇形边床罩。

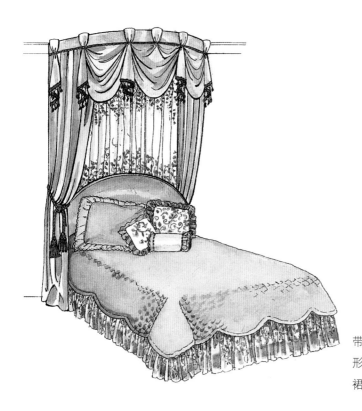

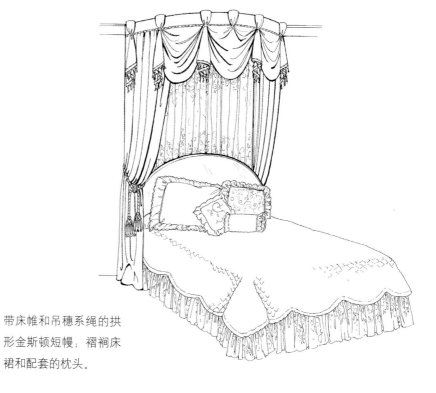

带床帷和吊穗系绳的拱
形金斯顿短幔；褶裥床
裙和配套的枕头。

高脚酒杯形褶短幔有与众不同的镶边；奢华的床帷和配套的床裙与枕头。

高脚杯形褶帘通过吊环挂在装饰杆上，装饰杆从墙上水平伸出。反转箱形褶床裙带有双重穗带和流苏。

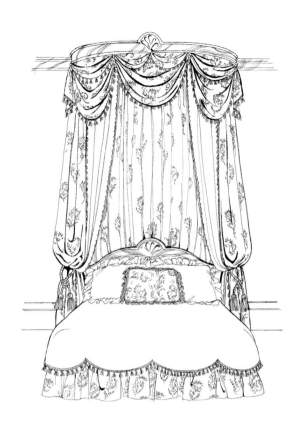

精致的檐板式花彩帘盒、配套的褶裥床裙和枕头衬托着灯笼袖式床幔。

弧形的高脚酒杯褶短幔；垂饰、编织穗状流苏、反转箱形褶床裙以及配套的枕头。

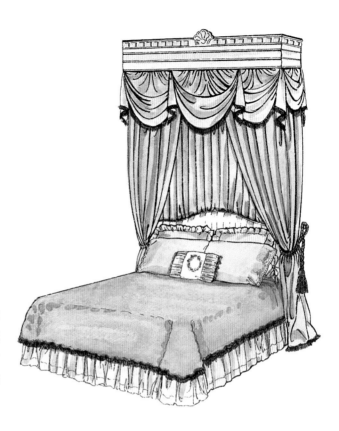

带扇形装饰物的箱形帘盒下装着漂亮的花彩和垂饰顶饰以及有编织流苏吊穗系带的大褶帘布。成套的床罩；有装饰布的床头板。

顶篷上的十字交叉形网格饰边，床罩上重叠的三角形和缩褶床裙打造出一张优雅的床。

覆盖着花彩的床冠，玫瑰
花饰固定着有华丽镶边的
褶裥床幔；褶裥床裙；配
套的床罩。

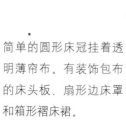

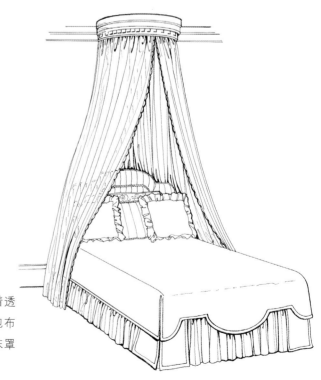

简单的圆形床冠挂着透
明薄帘布。有装饰包布
的床头板、扇形边床罩
和箱形褶床裙。

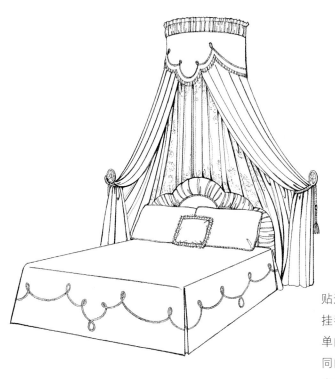

贴边软檐板式帘盒下挂着宽大的床幔；简单的箱形褶盖被有相同的贴边。有褶饰的扇形边床头板。

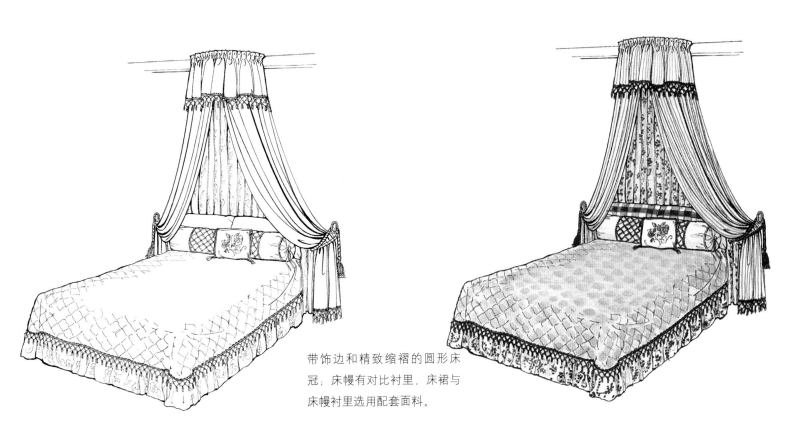

带饰边和精致缩褶的圆形床冠；床幔有对比衬里，床裙与床幔衬里选用配套面料。

精致的床柱吸引人的
眼球，但花彩布垂饰
和带刷状流苏的扇形
短幔也不逊色。

布料直接用在顶篷上呈花
彩状垂下。配套的床裙、
枕头和床头板加上顶篷两
侧的装饰蝴蝶结，形成独
特的造型。

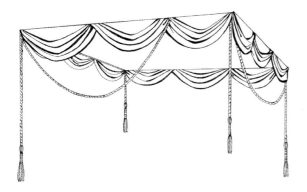

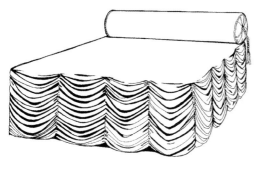

顶篷四边都有花彩垂下，中间点缀着穗带和流苏吊穗。精致的奥地利式床罩增添了戏剧性。

床顶和床围都装饰着流苏镶边的花彩与垂饰；箱形褶短幔和床裙使这套床饰更完美。

床幔的荷叶边上镶着蕾丝，有配套的床裙和枕头；注意缩褶布顶篷：非常有女性色彩。

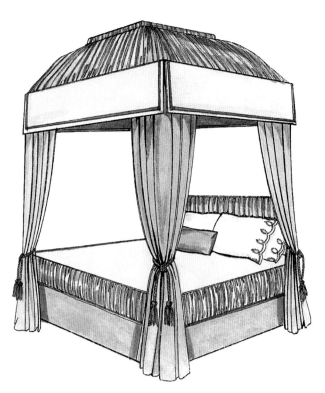

顶篷、床头板和床罩上褶饰面料的箱形褶是精心裁制的。

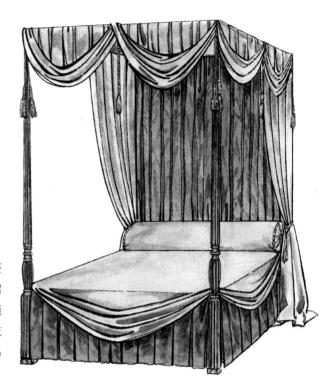

这是一套剪裁讲究的整套床饰。床顶篷与床裙采用箱形褶边装饰，顶篷三面悬吊着精美的花彩，而四角又以流苏吊穗装饰。

带密实穗状流苏边的拱顶床；配套的床罩和漂亮的床幔给人既温馨又舒适的感觉。

拱形床顶、长长的捏
褶床裙和配套的床头
板、床幔。

帐篷顶形状的顶篷和配套
的床裙、寝具和枕头。

大幅度下垂的花彩和有
对比镶边的垂饰，与简
单的床罩和褶裥床裙搭
配使用。

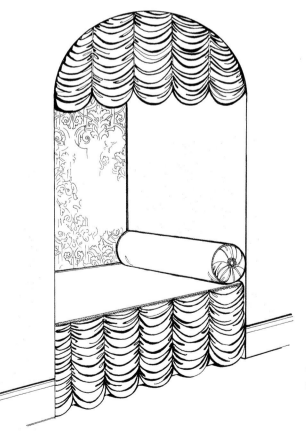

奥地利短幔和成套的床
裙，还有简单的长靠枕。

显眼的床幔使凹室舒适。
扇形边床罩增添了情趣和
品位。

打结吊带床帷能很容易地
从系带上放下，以保护隐
私。注意床头板上有打结
吊带的枕头是一个亮点。

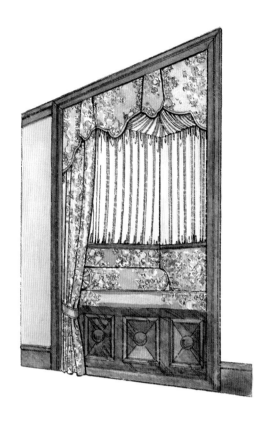

一个墙与天花板都有装饰布料的坐卧两用长椅形成的小天地；褶裥帘布和带垂饰的软檐板式窗帘盒。

高脚酒杯形褶拱形短幔和配套的褶裥床帷衬托着雪橇床；床罩和配套的枕头；流苏吊穗系绳和装饰绳系扣组合成一套精致的床饰。

围巾形透明薄花彩以一种
近乎不对称的式样环绕在
金属床杆上。透明薄床罩
增添了柔和感。

花布床帘带褶裥饰边，
浪漫乡村风情的花朵美
丽动人地覆盖着这个小
天地。

中心有大垂饰的围巾形花彩呼应着墙的角度。带垂饰的另一个花彩悬挂在窗前。配套的床裙和床脚的花布箱子构成整套床饰。

浴帘式宽吊带床幔悬挂在装饰杆上，从系带上放下后，能遮盖住整个睡眠区。注意床头板上也装饰着吊带。

床罩与软檐板式装饰
窗帘盒相配；床与墙
中间有帘布增添柔和
感；保护隐私的床幔
是点睛之笔。

褶裥短幔、床裙、有装饰
性包布的床头板和床帷都
使这个袖珍的空间得到了
充分利用。

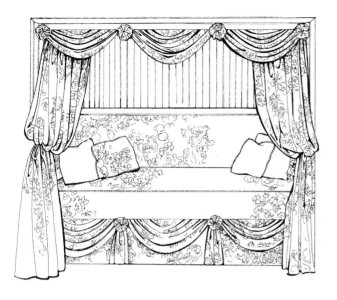

顶部和底部都有带玫瑰花饰的漂亮花彩；灯笼袖式床幔和有装饰效果侧板。

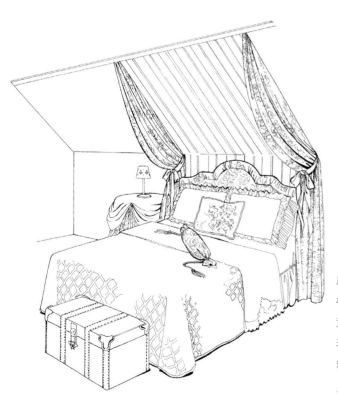

床幔挂在倾斜的天花板上，用布蝴蝶结随意地系起。床头板和枕头使用配套的面料。对比色盖被选择用与之对应的面料。

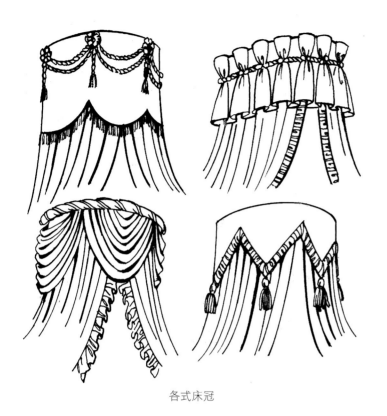

各式床冠

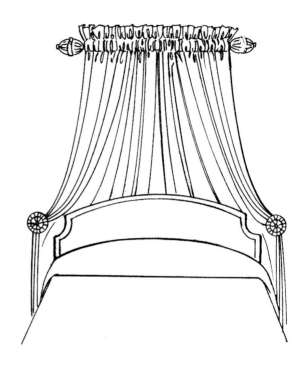

装饰杆上的穿杆床幔，下方是朴素的床罩。

朴素的床罩上方是带马耳他十字装饰的花彩与垂饰

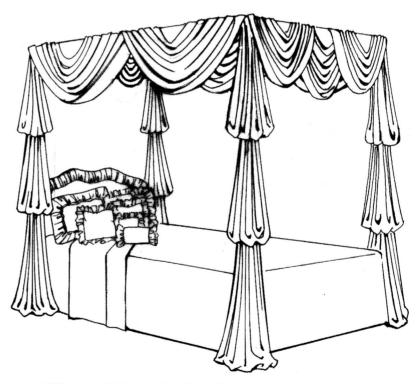

简洁而大方的床罩上方有花彩与垂饰，还有包有装饰布的床头板。

箱形褶半圆形短幔，床幔的帘布用玫瑰花
饰固定，包有装饰布的床头板和床单。

从装饰杆上垂下的帘布，床罩和剪裁讲究的床裙。

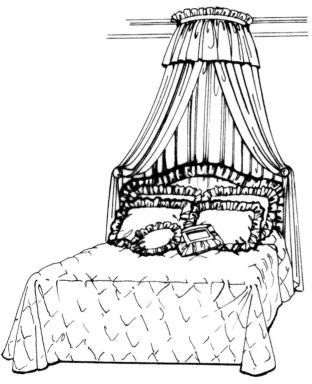

褶裥边饰的半圆形短幔，帘布从两侧垂下，
包有装饰布的床头板和床单。

穿杆短幔和褶裥饰边系带，包有装饰布的床头板和床单。

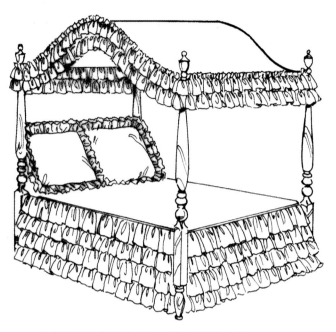

有褶裥饰边的拱形顶篷，褶边床罩和床裙。

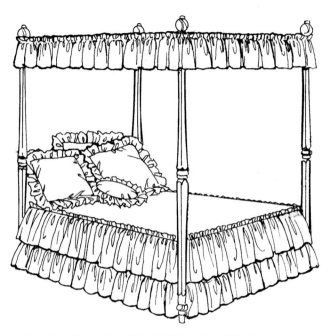

有缩褶边饰的顶篷短幔和带褶饰边的床罩和床裙

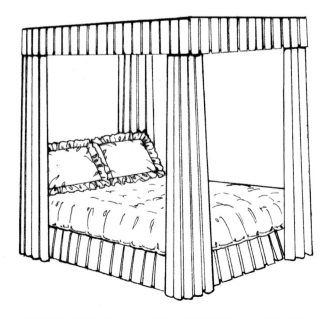

箱形褶顶篷短幔和固定式床幔，箱形褶床裙上是绗缝床罩。

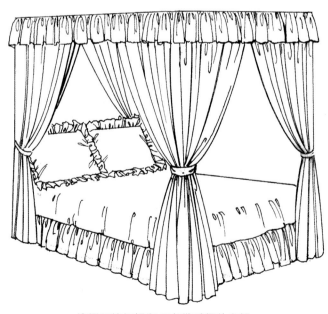

缩褶顶篷短幔和用布带系紧的床幔

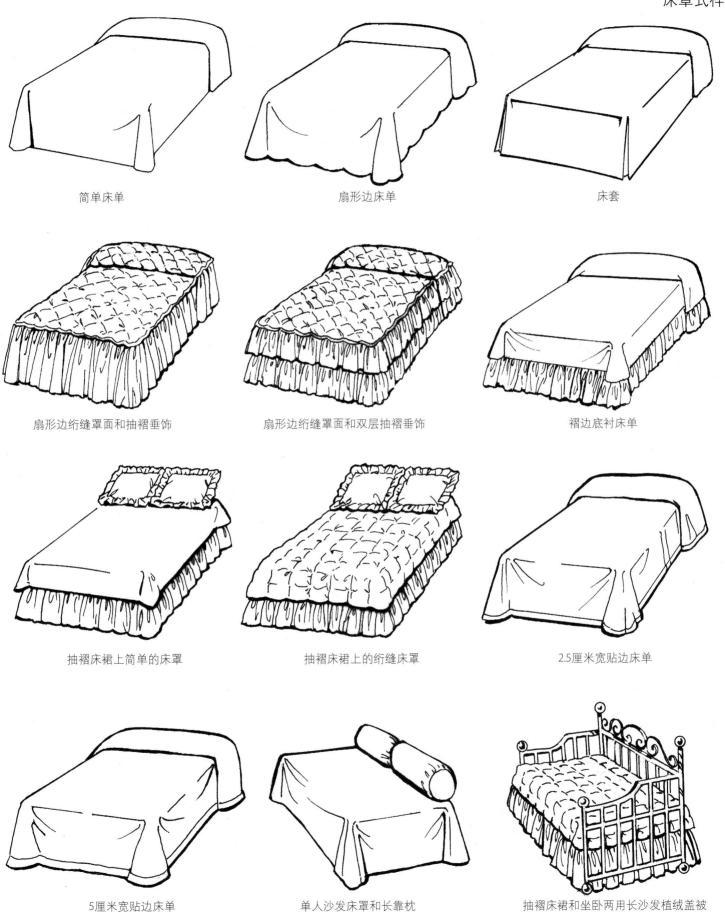

简单床单

扇形边床单

床套

扇形边绗缝罩面和抽褶垂饰

扇形边绗缝罩面和双层抽褶垂饰

褶边底衬床单

抽褶床裙上简单的床罩

抽褶床裙上的绗缝床罩

2.5厘米宽贴边床单

5厘米宽贴边床单

单人沙发床罩和长靠枕

抽褶床裙和坐卧两用长沙发植绒盖被

有包面的长凳、长靠枕和枕套

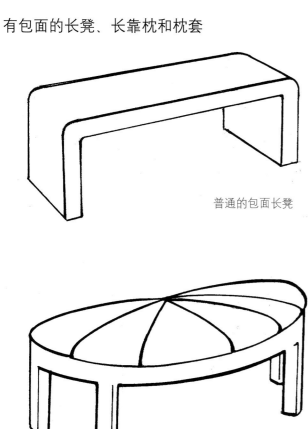

普通的包面长凳

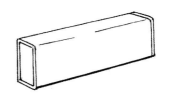

矩形贴边长靠枕

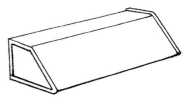

楔形贴边长靠枕

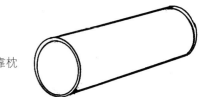

圆柱形贴边长靠枕

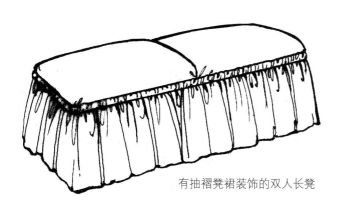

扇形包面长凳

7.6厘米宽褶裥饰边枕套

0.64厘米宽贴边无装饰枕套

有抽褶凳裙装饰的双人长凳

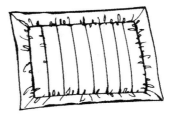

6.4厘米宽凸缘绗缝枕套

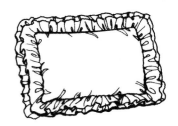

双层褶裥饰边的无装饰枕套

凳腿和凳面有包面的普通长凳

褶裥饰边和0.64厘米宽贴边的枕套

双层褶裥饰边和1.3厘米宽贴边的枕套

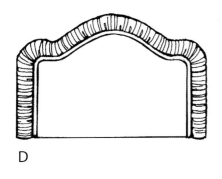

D

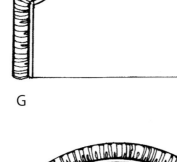

G

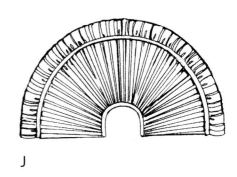

J

E

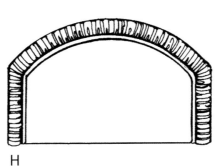

H

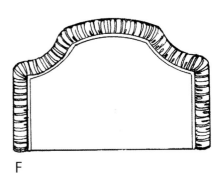

F

豪华奢侈的包装饰布的床头板不仅好看，而且还能为喜欢在床上读书但是不喜欢靠着木质或铁质床头板的人们提供极大的舒适度。另外，床头板的形状和颜色以及面料图案使床头板能够在主人最私人的居家区域内完美地展示个人风格。

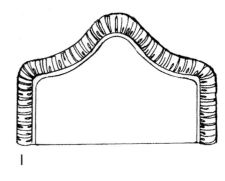

I

尺寸

D、I、F、G款

单人床 = 宽104cm × 高130cm

双人床 = 宽142cm × 高135cm

大号双人床 = 宽157cm × 高140cm

特大号双人床 = 宽206cm × 高142cm

J款

单人床 = 宽104cm × 高135cm

双人床 = 宽142cm × 高140cm

大号双人床 = 宽157cm × 高145cm

特大号双人床 = 宽206cm × 高145cm

E和H款

单人床 = 宽104cm × 高124cm

双人床 = 宽142cm × 高124cm

大号双人床 = 宽157cm × 高130cm

特大号双人床 = 宽206cm × 高135cm

床裙

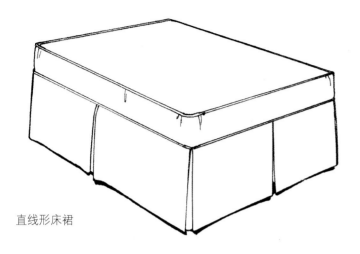

直线形床裙

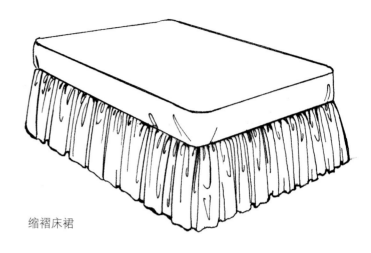

缩褶床裙

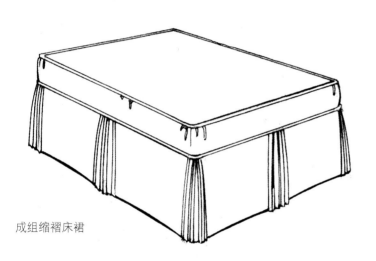

成组缩褶床裙

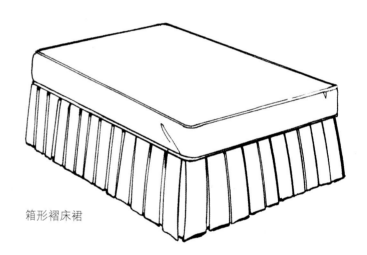

箱形褶床裙

弹簧垫和褥垫之间的床裙是一个巧妙的设计，不仅完成了床的外观，有效地隐藏了不好看但必须使用的弹簧垫，还盖住了弹簧垫和地板之间的空距。有三种流行的式样：直线裁剪床裙、抽褶（褶边）床裙和箱形褶床裙。

测量方法

精确的测量是必要的。

A．测量弹簧垫的长度。

B．测量弹簧垫的宽度。

C．测量从弹簧垫顶端至地板的距离。

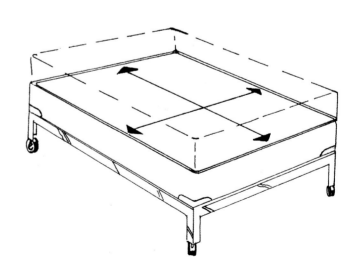

床单

	91.4厘米	121.9厘米	137.2厘米
单人床	12码	8码	8码
双人床	12码	12码	12码
大号双人床	15码	12码	12码
特大号双人床	15码	12码	12码

其他要求：

印花布：加1码

其他附加配件：

反向枕套：加3码；特大绳饰：加2码

（1码=91.44厘米）

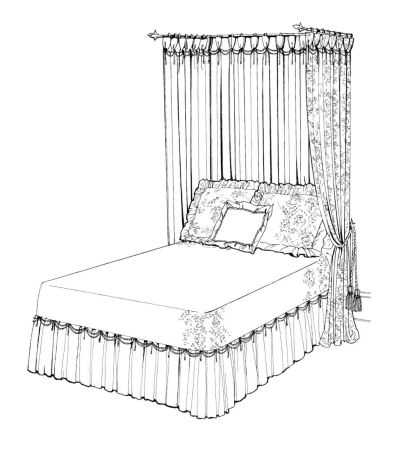

长靠枕

	91.4厘米	114.3厘米	137.2厘米
91.4厘米	1½码	1½码	1码
99.1厘米	2码	1½码	1码
152.4厘米	2码	2码	2码
182.9厘米	2½码	2码	2码

印花布要增加一个重复图案

（1码=91.44厘米）

床裙

	91.4厘米布		114.3厘米或更宽	
	简单裁剪	抽褶或10厘米箱形褶	简单裁剪	抽褶或10厘米箱形褶
单人床	3¾码	8½码	2¾码	6½码
双人床	3¾码	8½码	2¾码	7码
大号双人床	4½码	10码	3码	7½码
特大号双人床	4½码	10码	3码	7½码

（1码=91.44厘米）

盖被尺寸

单人床、双人床、大号双人床 = 7码/边；特大号双人床 = 11码/边

枕套

1½码；大皱边，加1½码

总说明

床单适合下列标准尺寸的床：单人床：99.1 × 190.5；双人床：137.2 × 190.5；大号双人床：152.4 × 203.2；特大号双人床：182.9 × 213.4。标准下垂长度：床单：53.3厘米；床罩：30厘米；床裙：35.6厘米；枕巾：38.1厘米

抱枕与靠垫

土耳其式包角

带7.6厘米宽褶裥饰边和贴边

带0.64厘米宽贴边的刀形边

抽褶贴边

方形

心形带褶裥饰边

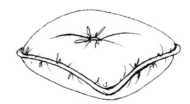

方形带朴素的贴边和纽扣装饰

圆形带贴边和褶裥饰边

圆形带平直的贴边和纽扣装饰

方形带贴边和流苏吊穗

刀形边带绳状贴边

扇形褶边上有贴边

带贴边的箱形软垫

贴边箱形靠垫

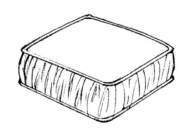

有抽褶的箱形靠垫

顶面镶边的箱形软垫

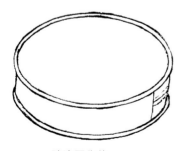

贴边圆靠垫

两侧带褶裥饰边的圆抱枕

抽褶圆抱枕

糖果形圆抱枕